中等专业学校教学丛书

建 筑 概 论

（非建筑学专业用）

沈端雄 主编

中国建筑工业出版社

图书在版编目（CIP）数据

建筑概论/沈端雄主编. —北京：中国建筑工业出版社，
1998

（中等专业学校教学丛书）

非建筑学专业用

ISBN 978-7-112-03636-3

Ⅰ. 建… Ⅱ. 沈… Ⅲ. 建筑学-理论-专业学校-教材
Ⅳ. TU-0

中国版本图书馆 CIP 数据核字（98）第 29763 号

　　本书是中等专业学校非建筑学专业的建筑概论教材。本书共分三大部分：民用建筑构造、工业建筑构造和建筑材料。根据建设部 1997 年颁布的关于修订普通中等专业学校教学大纲的有关规定，本书作者对过去沿用的老教材作了较大的修改，增加了建筑历史与理论的有关知识以及建筑施工顺序等内容，建筑材料部分增加了给水、排水、通风、电气设备等专业所需材料的实用资料。

　　本教材主要供供热与通风空调专业、给排水专业、工业设备安装专业、电气设备安装专业教学使用。

中等专业学校教学丛书

建 筑 概 论

（非建筑学专业用）

沈端雄　主编

*

中国建筑工业出版社出版、发行（北京西郊百万庄）

各地新华书店、建筑书店经销

廊坊市海涛印刷有限公司印刷

*

开本：787×1092 毫米　1/16　印张：11　字数：265 千字

1999 年 6 月第一版　　2016 年 12 月第十次印刷

定价：**20.00**元

ISBN 978-7-112-03636-3

（17946）

前　　言

　　《建筑概论》是根据建设部 1997 年公布的修订普通中等专业学校培养方案所确定教学大纲编写而成的,适用于非建筑学专业的通用教材。本教材主要提供给供热与通风空调专业、给排水专业、工业设备安装专业、电气设备安装等专业教学使用,参加编写的主要人员有浙江省建筑工业学校刘修坤、方骏生高级讲师,黄卫群、孙素梅讲师和浙江省建总公司周舡高级工程师。本书主审为内蒙古建筑工程学校邱志宏高级讲师。本教材与过去沿用教材相比作了较大修改:(1)绪论部分增加了建筑理论与建筑历史的必要知识;(2)建筑构造部分增加了施工顺序内容;(3)建筑材料部分作了合理精简,并增加了给水、排水、通风、电气设备等专业所使用的相关建筑材料的实用资料,以便使上述专业学生,通过学习更好掌握建筑基本知识,了解建筑构造和建筑施工顺序以及常用建筑材料的相关知识。

　　由于时间仓促,本教材难免留有疏漏和错误,诚望各使用学校的师生提出宝贵意见,并将发现的问题及时向有关编写人员反馈。

主　编

1998 年 4 月

目　　录

绪　　论

什么是建筑？说起建筑，人们自然会想到房屋。其实房屋只不过是建筑的一种。就广义而言，建筑是根据人的物质生活和精神生活要求，为满足人类生产、生活或其他活动的需要而建造的有组织的空间环境，如房屋、园林、纪念碑、城市雕塑等等，都属于建筑范畴。

建筑是一种人为环境，它的发生、发展与社会的生产力、生产方式、思想意识、文化传统以及各地的自然与地理条件密切相关。

人类最早的建筑由穴居和巢居开始，阶级出现后，出现了供统治阶级居住的宫殿、府邸、庄园、别墅，以及陵墓、庙宇。生产力发展了，出现了作坊、工厂以及大型现代化企业；商品经济发达了，店铺、商场以及大型百货店、银行、证券所、保险行相继出现；直到现在，交通发展了，出现现代化港口、车站、铁道、航空港。

社会不断发展，"建筑"早已超出了一般房屋的概念。建筑类型日益丰富，建筑技术不断提高，建筑形象发生着巨大变化，建筑事业日新月异。

建筑既是物质产品的一部分，又是精神产品的一部分，它能满足人们的使用要求，使人们获得生活、工作、学习条件；同时还能以自身形象满足人们的精神要求，陶冶人们的审美观点和审美情趣等，给人以生活艺术上的享受。

建筑是科学、技术与艺术的结合，它具有实用价值，这一点上它与音乐、绘画、雕塑等艺术不一样，它的建造需耗费大量的人力、物力、财力和时间。

第一节　建筑的构成要素

任何建筑都要涉及功能、物质技术条件、建筑形象这三方面的问题。一般称功能、物质技术条件、建筑形象为建筑的基本构成要素。

一、建筑功能

建筑功能就是建筑所能满足的人的使用要求。人使用建筑有生理和心理两方面的要求，相应地，建筑应该具有生理和心理两方面的功能。

生理功能又被称为物理功能，这是低层次的基本的功能。要使建筑具有良好的生理功能，必须着重考虑三个方面的问题。一是"容"得下，如图 0-1 所示。人使用建筑，因此建筑首先是要盛得下人，人使用建筑时，还往往在建筑内设置家具与设备，并要进行一定的活动，建筑当然也就应有足够的空间来容纳家具设备和人的活动。"容"得下，这是最起码的要求。

二是"围护"好，如图 0-2 所示。这主要是指建筑应有良好的朝向，有良好的保温、隔热能力，有足够的隔声和照明条件，有良好的通风采光等物理能力，以保证建筑能满足生产、生活、社会活动的需要。

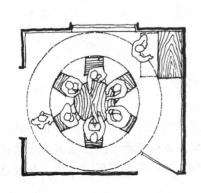

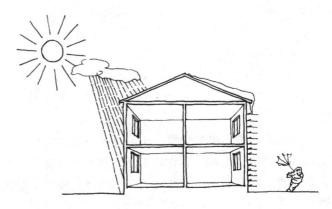

图 0-1　建筑生理功能要求之一
——"容得下"

图 0-2　建筑生理功能要求之二——"围护好"
这个要求虽说比前述尺寸的要求进了一步。但随着社会经济实力的增强和物质技术水平的提高，充分满足的可能性越来越变得现实。

　　三是用得"顺"，如图 0-3 所示。这是指建筑中不同空间的相互组合关系要满足人使用的需要。因为人在各种建筑中活动使用建筑时，都是按一定顺序进行的，如果建筑空间的组合顺序和人的使用顺序不符，当然建筑就不能具备良好的使用功能。

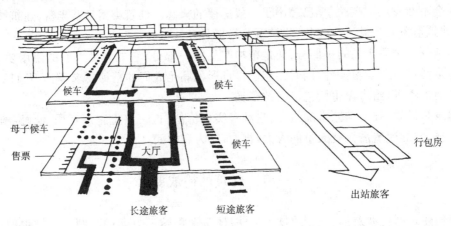

图 0-3　建筑生理功能要求之三——"用得顺"
建筑中各空间的顺序必须和使用顺序相一致，否则就谈不上建筑具有良好的使用功能。

　　建筑的心理功能又被称为精神功能。相对于生理功能而言，心理功能属高层次的功能。心理功能指建筑满足人在情绪、思想、观念、信仰等方面要求的能力。精神功能，在纪念性建筑、宗教建筑中要求最高，风景休闲建筑中次之，大量性的建筑中就一般了。在大量性的建筑中，精神功能主要是美感和愉悦，而在较高层次的建筑中则主要是感染、启迪、教化、熏陶。

　　建筑功能是随着人类社会的前进而发展的。这种发展主要表现在功能要求的内容和标准的提高和实现功能的物质技术条件的发展。如，同样是住宅，古代和现代，其功能是完全不同的。同时，建筑功能具有一定的社会性。这里所谓功能的社会性有两个含义。一是建筑功能受社会条件、体制、制度的影响和制约；二是具有良好建筑功能的建筑，对社会的发展进步会起积极的推动作用。很多处理手法都可以使建筑具有精神功能，甚至如建筑层高的确定，也能显示精神方面功能，如图 0-4 所示。

图 0-4　建筑层高对精神功能的影响

二、建筑的物质技术条件

建筑的物质技术条件主要包括材料、结构、设备和建筑生产技术(施工)等内容。其中,材料和结构是构成建筑的骨架;设备是保证、完善建筑功能的条件;建筑生产技术则是实现施工生产的方法。建筑的物质技术条件既受社会的生产水平和科学技术水平制约,又对社会的生产和科技起推动作用。建筑的物质技术条件是实现建筑功能的基础。

(一) 材料

营造建筑需要使用大量的建筑材料。主要使用的建筑材料有砖、石灰、水泥、砂、石、钢材、木材、玻璃、油漆、沥青、加气混凝土、膨胀蛭石、膨胀珍珠岩、矿渣棉、炉渣等。建筑工程要求材料在强度、刚度、防水、防潮、防火、耐久性、胀缩、质感、色彩、可加工、隔热、隔声、密度、容重等方面具有良好的性能。但不同的建筑材料,其性能的差异是十分大的。在具体使用时应根据使用要求和材料性能尽可能慎重选择。由于各种材料在性能上都各有利弊,为了得到高性能的优质材料,随着科技和生产的发展,目前出现了越来越多的性能得到改进的材料,如将玻璃改进为钢化玻璃、吸热玻璃。也出现了越来越多的复合材料,如将适量的水泥、黄砂、石子、水搅拌混合成混凝土,在混凝土中加入钢筋,形成具有良好性能的钢筋混凝土等等。为了取得良好的经济效果,应尽可能就地取材,粗材精用。

(二) 技术

建筑所涉及的技术问题大量集中在结构、围护、设备、施工四个方面。

1. 建筑结构

所谓建筑结构就是建筑的承重骨架。像人体需要骨骼一样,建筑也需要有骨架支承才能承受荷载,如图 0-5 所示。

目前工程中大量采用墙体承重结构、骨架承重结构和空间结构三种结构技术,其中尤以前两种使用最为广泛,如图 0-6 所示。

2. 围护

这里的围护泛指为了满足人的使用要求,在日照、遮阳、采光、照明、音质、噪声控制、保温、隔热、防水、防潮、通风、防雷等方面对建筑所作的处理。

3. 设备

随着社会的发展,为了提高人的生活质量,人对建筑的使用要求越来越高。为了适应这种情况,建筑中需要设置各种各样的设备。目前建筑设备的主要项目有:给水排水设备、暖气通风设备、电气(包括强电设备:照明、动力电气;弱电设备:电视、电话、通讯等)设备、煤气设备等等。这些建筑设备专业性强,技术复杂,要求很高。

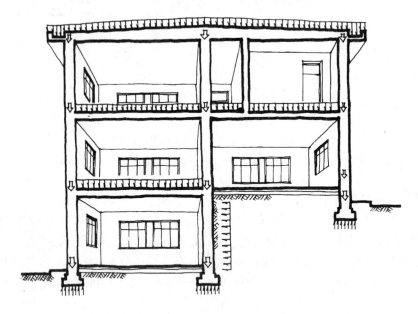

图 0-5　建筑结构

建筑要有结构骨架来承受荷载,否则无法存在。

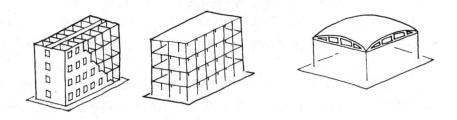

图 0-6　三种建筑结构

墙体承重结构造价经济,但房间的大小高低受限制较多。骨架结构空间分隔自由灵活,但构件节点太多。空间结构受力合理,用材经济,但技术过于复杂。无论采用什么结构,建筑最终都将荷载传给地基。

4. 施工

营造建筑要通过施工将图纸上的建筑变为实地上的建筑。建筑施工涉及的技术问题分为两个方面,一是施工工艺的问题,要解决施工工具、施工机械、施工操作方法和操作人员的技术熟练程度等问题。二是施工组织的问题,主要解决施工进度安排在内的各项施工控制的问题,如材料、资金、质量、安全、劳动力的调度与统筹安排的问题等内容。由于建筑的体量庞大,用材极多,技术复杂,并有艺术方面的要求,这些都给建筑施工带来很多困难。长期以来建筑施工一直处于手工和半手工状态,劳动强度大,速度慢、效率低。为了适应社会,跟上时代前进的步伐,现在正在采取诸如机械化、工厂化、装配化在内的现代工业措施,以及现代管理方法,使建筑施工走上大工业生产的道路。

三、建筑形象

建筑形象是建筑的重要内容之一。因为它涉及到"形"和"体"的美感因素,包括处理点、

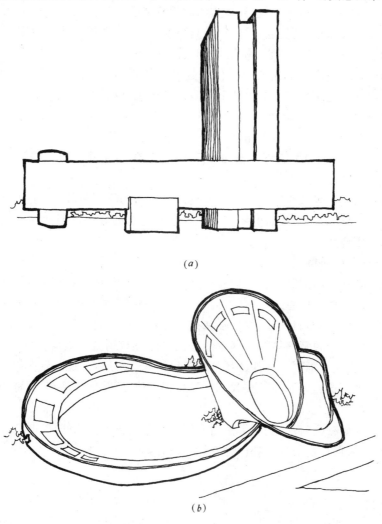

(a)

(b)

图 0-7　建筑的形象

(a)图所示建筑以简单的几何形体组合,取得对比和均衡的效果;(b)图所示建筑以
曲面和扭面构成的抽象形体,使人感到轻松活泼和富于变化

线、面、形、体、质、量、色等造型艺术规律,如图 0-7 所示。构成建筑形象的因素包括建筑群体和单体的体型、内部和外部的空间组合、立面构图、细部处理、材料的色彩和质感以及光影和装饰的处理等等。建筑形象不是上述诸因素在建筑上自行显露的结果,而是人们有意识地根据建筑功能、艺术审美要求、民族传统、文化背景、环境条件、社会时尚等进行艰辛构思创造的结果。人们力求建筑形象美,产生良好的艺术效果,给人以一定的感染力,如庄严肃穆、高大雄伟、朴素大方、生动活泼、简洁明朗等等。但建筑形象不仅仅是美观的问题,建筑形象还应反映社会和时代的特点,表现时代的生产水平、科技水平、文化素质、民族风格、社会精神面貌、道德伦理风范等等内容;表现出建筑的内容和性格。由于建筑的形成首先要具

5

备一定的物质技术条件,建筑形象的创造就不能离开建筑的功能要求和物质技术条件。

建筑还包含文化的因素。建筑通过建筑特有的功能和独有的艺术形式来深刻反映社会与时代的群体文化心态及精神面貌,充当文明的独特象征。

在上述建筑三要素中,功能起主导作用,是建筑的目的;物质技术条件是达到建筑目的的手段,而建筑形象则是建筑功能、物质技术和艺术的综合表现。三者相互联系,相互影响,辩证统一地结合在建筑中。建筑文化不仅指建筑的外表和形式,还指建筑的内涵和气质。只有具有文化内涵的建筑才能长久保持下去。建筑中最具感染力和生命力、最能打动人心的东西是建筑展示的文化内涵。

第二节　建筑的过去、现在和未来

营造建筑是人类最早的生产活动之一。在人类发展的不同阶段,由于社会历史条件和生产力发展水平不同,人类对建筑的要求和实现这些要求的方法也不同。建筑是随着人类社会的前进而发展变化的。

一、中国建筑的发展概况

中国建筑以其伟大的成就和独特的发展过程在世界上占有重要的地位。在上古时期人类都是用木材和泥土建造房屋,这是低下的生产力水平和原始的生产方法所决定的。但后来很多民族、国家逐渐以石料代替木材,唯独我国先民仍以木材作为主要建筑材料,形成了世界古代建筑中的一个独特的体系。这一体系从单体建筑到城市布局,都有自己完善的作法和制度,形成一种完全不同于其他体系的建筑风格和建筑形式,是世界古代建筑中延续时间最久的一个体系。这一体系除了在我国广为流传以外,还影响到日本、朝鲜和东南亚的一些地区。

在我国境内原始社会时期,利用天然洞穴作为住所是极为普遍的,同时在地势低下潮湿而多虫蛇的地区,巢居也是被采用的一种原始居住方式,如图0-8所示。

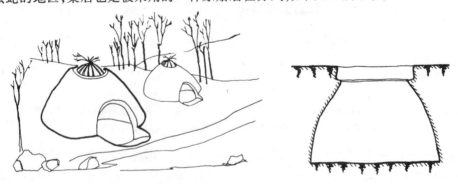

图0-8　新石器时代的袋穴

图0-8所示为新石器时代的袋穴,这是最原始的建筑之一。

大约在五六千年前的氏族社会中,长江流域多水地区就有干阑式建筑;黄河流域就有木骨泥墙房屋,如图0-9所示。干阑式建筑下层用柱子架空,上层作居住用,有人认为它是由巢居发展而来的。干阑式建筑已采用榫卯技术。黄河流域有丰厚的黄土层,土质均匀并含有石灰质,便于挖作洞穴,穴居在这里曾被广泛采用。随着原始人营建经验的积累和技术提

I—I

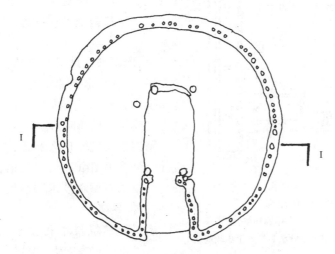

图 0-9　原始社会晚期建筑

从穴居到地面建筑,这是一个很大的进步,使建筑的使用质量得到很大的提高

高,穴居从竖穴逐步发展到半穴居,后又被地面建筑——木骨泥墙房屋所代替。这时村落已有初步的区划布局。

在奴隶社会,夏朝时已出现城堡,商朝时已有宫殿,出现规模较大的木架夯土建筑和庭院。西周已出现相当严整的四合院式建筑,如图 0-10 所示。

春秋是奴隶社会末期,建筑上普遍使用瓦,并出现诸侯宫室的高台建筑。所谓高台宫室就是在城内夯筑数米至十几米高的土台,在土台上建殿堂屋宇。这种形式一直流传到后世。这时建筑技术也有相应提高,相传鲁班就出现在这一时期。

战国时期出现城市建设高潮,城市规模日益扩大。建筑中出现取暖用的壁炉、冷藏用的地窖、排水系统陶土管道等设施。出现铁制建筑工具——斧、锯、锥、凿等物品,制砖技术达到相当高的水平。

秦时,我国古代建筑的许多主要特征基本形成。

汉是封建社会上升时期,木构架建筑渐趋成熟,砖石建筑和拱券结构有了发展。这时成

7

熟的一些木构架做法直至近代仍被广泛采用。此时斗拱已经被普遍采用,但还未定型。屋顶形式多样化,制砖技术又有巨大进步。

从汉代开始,我国与西方的交往日益频繁,逐渐受到外来影响,特别是印度的佛教文化

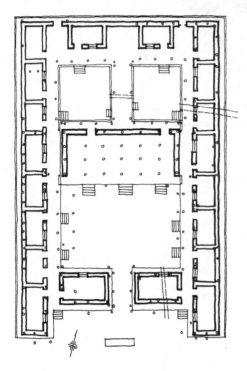

图 0-10　西周建筑

此四合院建筑的院落四周有檐廊环绕,屋顶采用瓦构筑。瓦的出现使建筑从简陋状态进入了比较高级的阶段。

影响。对外交往尽管传入了很多外来的建筑因素,但很快就被兼收并蓄,融化于我国固有的建筑艺术之中。比如"塔",本来是古印度埋藏佛舍利的半圆形土堆或石堆建筑,但随同佛教传入我国以后即与我国传统的重檐建筑结合,形成一种全然不同于原来形状的崭新的建筑类型——塔。自然式山水风景园林在秦汉时开始兴起。园中开池引水、堆土为山,植树聚石、构筑楼观屋宇。这一时期汉族吸收了少数民族使用的垂足而坐的高坐具——凳、椅,建筑高度随之增加。

隋、唐至宋是我国封建社会的鼎盛时期,无论在城市建设、木架建筑、砖石建筑、建筑装饰、建筑设计和施工等方面都有巨大发展。这是我国古代建筑的成熟时期。

隋兴建大兴城和洛阳城,开南北运河,建筑设计上已采用图纸和模型相结合的方法。隋代修建的赵州石桥在技术和造型上都达到很高的水平,是世界瑰宝。

唐朝的建筑技术和艺术有巨大的发展提高。唐代建筑规模宏大、规划严整,建筑群处理愈趋成熟。这时木建筑解决了大面积、大体量的技术问题,并已定型化;砖石建筑进一步发展;设计与施工水平进一步提高,专业技术非常熟练;建筑艺术加工真实成熟,建筑风格气魄宏伟、严整而又开朗,如图 0-11 所示。

西安小雁塔,砖檐用叠法砌成,外形轮廓柔和优美,如图 0-12 所示。

明清为我国封建社会末期,建筑更为丰富多彩,光辉璀璨,如图 0-13 所示。

明代随着经济文化的发展,建筑也有了进步。这时砖已普遍用于民居砌墙。琉璃面砖与琉璃瓦的质量提高,应用更加广泛。木结构经过元代简化,形成了新的定型的木构架:斗拱的结构作用减少,梁柱构造的整体性加强,构件卷杀简化;建筑群的布置更为成熟;官僚地主私园发达,官式建筑的装修、彩画、装饰日趋定型化。

清代园林达到了极盛期。这时喇嘛教建筑兴盛,住宅建筑百花齐放,丰富多彩,单体设计简化,群体布置与装修水平提高,如图 0-14 所示。

封建社会后期,外国传教士来华建立教堂,在中国国土上陆续出现一些近代西式建筑,但数量很少,影响不大。鸦片战争后,大批西方建筑在中国出现,近代资本主义建筑类型和近代建筑技术涌进我国,加速了中国建筑的急剧变化,我国近代建筑活动呈现复杂现象,如图 0-15 所示。

8

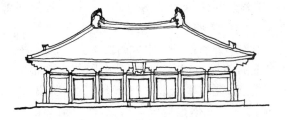

图 0-11　五台山佛光寺大殿

造型端庄浑朴,大有唐代木构架建筑雄风

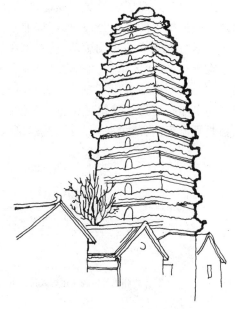

图 0-13　天坛

这是我国封建社会末期建筑处理的优秀实例,它在烘托封建统治者祭天时的神圣、崇高气氛方面达到非常成功的地步

图 0-12　西安小雁塔

柔和秀美,别具风格

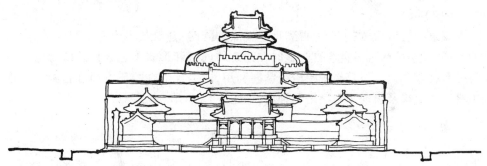

图 0-14　清代陵墓

清代建筑群体布置已达到相当成熟的程度,在结合地形、空间处理、造型变化等方面都有很高的水平

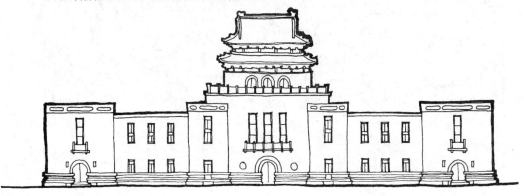

图 0-15　原上海图书馆

中国近代建筑一直呈畸形发展,出现半殖民地、半封建社会的建筑,总的面貌是反映社会的本质,但它以先进的技术和新的建筑类型冲破了几千年没有根本变化的古代建筑体系,使建筑发生了巨大的变化。

解放以后兴建了大量的工业建筑、居住建筑和公共建筑。1958年还以极快的速度相继兴建了一批雄伟的大型公共建筑，如北京的人民大会堂和中国历史博物馆等等，如图0-16所示。通过大规模的建设活动，使建筑在技术和艺术方面都有了很大的发展。

在十年"文化大革命"中，建筑事业受到严重的破坏。1978年12月中国共产党第十一届三中全会明确地提出了在新的历史时期的总任务，建筑事业进入一个新的发展阶段，无论是在建筑实践还是在建筑理论方面都取得飞速的进展。但也应该承认，虽然目前我国建筑的数量是巨大的，规模是空前的，但建筑水平与世界先进水平还有一段很大的距离。

图0-16　人民大会堂和人民英雄纪念碑
这些建筑体现了中国人民的英雄气概，同时，也代表了当时的建筑技术成就和艺术水平。

二、外国建筑的发展概况

在原始社会，国外先人也从利用天然洞穴，发展到用简单的工具和材料构筑巢穴以供居住，如图0-17所示。

进入奴隶社会以后，在生产力得到迅速发展的同时，建筑技术也有了很大的进步，由于经济的发展，社会生活也日益丰富。这时在建筑的内容和形式上也开始反映出明显的阶级社会特征和社会意识。建筑被统治阶级掌握利用，成为他们在物质方面和精神方面进行统治的工具。这时埃及出现了金字塔和神庙，如图0-18所示。

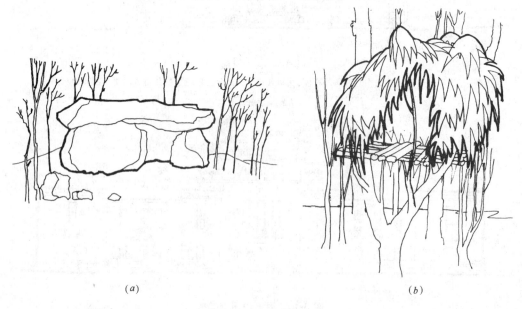

　　　　　(a)　　　　　　　　　　　　　　　　(b)

图0-17　国外先民建筑(一)
(a)石屋；(b)巢居

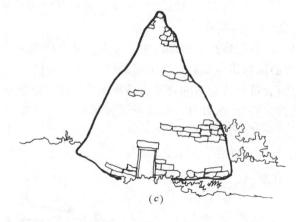

(c)

图 0-17　国外先民建筑(二)

(c)蜂巢石屋

在满足最基本的物质功能要求的前提下,原始人往往用简单的花纹和象形的雕刻来装饰房屋。

图 0-18　古埃及金字塔

金字塔巨大的尺度和雄伟的外形,是为了象征"法老"的统治权威不可动摇。

　　神庙是统治阶级利用人们的宗教信仰来进行统治的工具。古埃及卡纳克阿蒙神庙形象冷酷肃穆,表现出宗教的神秘气氛和奴隶主的威严感。

　　古代希腊、罗马创造了以石制的梁柱为基本构件的建筑,这种建筑经后代发展成为世界上一种具有历史传统的建筑体系。

　　古希腊是欧洲文明的发源地。古希腊建立的奴隶制民主共和政体,使民主政治得到发展,创造了光辉灿烂的希腊文化。希腊人建造了神庙、剧场、竞技场等,在许多城市中出现了规模壮观的公共活动广场和造型优美的建筑组群,如图 0-19 所示。

　　古罗马人发明了由天然火山灰、碎石和石灰构成的混凝土,在券拱结构方面有很大成就。兴建了许多规模巨大的浴室、剧场、跑马场和斗兽场以及豪华的宫殿、庙宇,雄伟的凯旋门和纪念柱。罗马的万神庙拱顶直径达 43m。

　　在中世纪的封建社会,建筑技术进一步发展,相继出现尖券、尖拱结构、飞扶壁结构等等。同时又广泛地应用砖、玻璃、金属和琉璃,使建筑的内部和外部形象更加丰富多彩。庄园、城堡、大教堂、修道院是这一时期建筑活动的重要内容。其中哥特式教堂在技术及艺术上均取得了辉煌成就，如图 0-20 所示。

随着商业经济的发展，在封建社会内部产生了资本主义生产关系的萌芽，城市的手工业者、商人，随着经济实力的增加成为反封建的力量，在精神领域出现文艺复兴运动。文艺复兴时期，城邦领主和富商大贾要求更多的物质和精神享受。这一时期建筑领域大为扩展，除教堂以外，还大规模地建造府邸、园林、广场、政府机关等居住建筑和公共建筑；大量采用古希腊、古罗马的处理手法和艺术风格，如图 0-21 所示。文艺复兴时期建筑在建筑技术、建筑艺术、建筑规模、建筑类型等方面都有很大的发展。各种拱顶、券廊，特别是柱式成为文艺复兴时期建筑构图的主要手段。

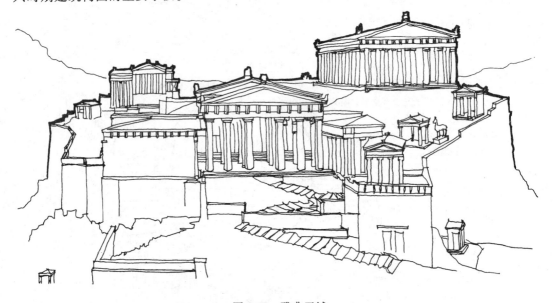

图 0-19　雅典卫城
雅典卫城建立在雅典的一座小山丘上。在此每年举行一次盛大的仪式，
祀奉智慧女神雅典娜。建筑极其典雅壮丽

这时建筑上一件影响深远的事情是：意大利的美术学院在研究古典建筑与艺术的基础上将一些古典建筑规范和名建筑的理论推崇为不可批驳的金玉之言，使建筑设计成了古典程式手法套用的过程。为了适应大量建造的需要，将一些常用的建筑局部和细部装修形成定型化的"法式"，比如规定出作为西方古典建筑最基本特征的所谓"五种程式"。

为了适应社会的需要，文艺复兴后期产生了巴洛克建筑风格。所谓"巴洛克"，意思为"形状不整的珍珠"。巴洛克建筑的特点是变化多，追求用独特的形式引起人们特殊的感觉。巴洛克建筑形式比文艺复兴建筑形式在感情上更为丰富，更具戏剧性，而且使用绘画式和幻想式的手法甚多。当时欧洲产生两个强大的建筑潮流。一个是代表着新兴资产阶级的唯理主义的古典主义建筑；一个是巴洛克建筑，它的代表作是天主教堂。巴洛克建筑勇于破旧立新，创造独特的形象和手法，但过于奇诞诡谲，违反了建筑艺术的一些基本法则；它追求感官的享受，炫耀财富，立面雄健但形体破碎。巴洛克建筑和古典主义建筑所反映的两种潮流进行着斗争，在斗争中互有渗透，如图 0-22 所示。但巴洛克建筑本身充满矛盾。

1671 年法国专门成立皇家建筑学院，学习和研究古典建筑，使以柱式为基础的古典建

图 0-20　巴黎圣母院

它充分利用技术上的可能,力求造成一种超尘脱俗的"天国尊严",形成强烈的宗教气氛

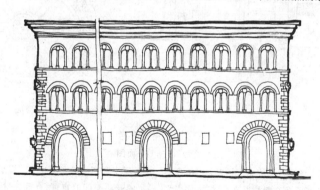

图 0-21　佛罗伦萨吕卡底府邸

建筑以和谐、平衡的建筑造型,表达服务于人的关系,反映了建筑从

着眼于天国的"神"转移到世间的"人"的倾向

筑形式一直在 19 世纪前的欧洲建筑中占据着绝对统治地位。这时一些建筑师把古典建筑造型中的几何比例和数字关系看作金科玉律,追求古希腊、古罗马建筑中所谓永恒的美,形成了僵硬的古典主义和学院派,走上了形式主义的道路。17~19 世纪,在资产阶级取得政权的最初年代,欧洲和美洲等各地兴起希腊复兴和罗马复兴的热潮,所修建的国会、议会大厦、学校和图书馆等都采用古典的建筑形式。甚至连适应资本主义生产关系的银行、交易所等也常常被勉强地塞进古典主义的外壳里。

资本主义初期,哲学、自然科学、社会科学以及艺术等都蓬勃地发展起来,达到了前所未有的高度。在建筑领域,出现了钢结构和钢筋混凝土结构,使建筑物的高度和跨度可以更大,重量可以更轻。建筑在技术上产生革命性的变化。这时还出现了以前未有过的建筑,如工厂、车站、展览馆、商场、银行等,建筑的类型和内容大大丰富,但建筑形式仍以复古、仿古为主。于是在建筑领域就潜伏着新技术、新内容和旧形式的尖锐矛盾。这时仿古主义倾向有两个原因造成,一是人的认识上的历史局限性,新形式的出现需要一个过程,需要一段时间,二是新兴的资产阶级需要用旧形式的外表来激起人们的正义感和掩饰自己狭隘的阶级利益。但上述这种新内容和旧形式的矛盾都日益尖锐,而且旧形式逐渐成为阻碍建筑发展前进的桎梏。

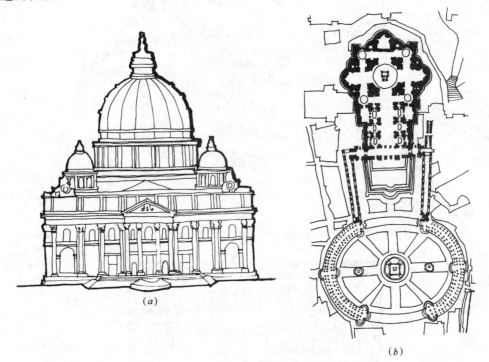

(a)

(b)

图 0-22 圣彼德教堂

(a) 立面图;(b) 平面图

圣彼得教堂及其广场反映了从文艺复兴到巴洛克的一百多年中资产阶级"人文主义"思想和反动教士"神权至上"思想在建筑上的斗争。教堂既有反映"人文主义"思想的开放明朗的穹顶,有反映封建教会传统的拉丁十字形平面,还有反映巴洛克风格的尺度极其夸张的复合壁柱和大广场

19 世纪下半叶,资本主义国家完成了产业革命和政治革命,科技飞速发展,物质财富急剧增加,资产阶级统治地位有了巩固和加强。这一切使建筑迅速地摆脱了旧技术的限制,摒弃了形式主义的"永恒典范和法式"的束缚。

19 世纪中叶开始了新建筑运动,要求建筑在使用上和结构上更加合理,净化艺术装饰,要求重视功能;要求艺术形式忠于材料和结构,要求建筑和工业相结合。这时比较著名的建筑有伦敦水晶宫、埃菲尔铁塔、柏林通用电气公司的透平机车间等,如图 0-23 所示。

新建筑运动大胆地和学院派分手,勇敢地探索着新的道路。不久出现了"现代建筑"。新建筑运动是现代建筑的基础,现代建筑是新建筑运动的继续。现代建筑典型的有两大流派,一是"功能主义"或"理性主义",二是"有机建筑"或"自然的建筑"。理性主义主张房屋不仅要像飞机、汽车和其他机器那样大量生产,而且也要像飞机、汽车那样舒适;认为建筑形式

14

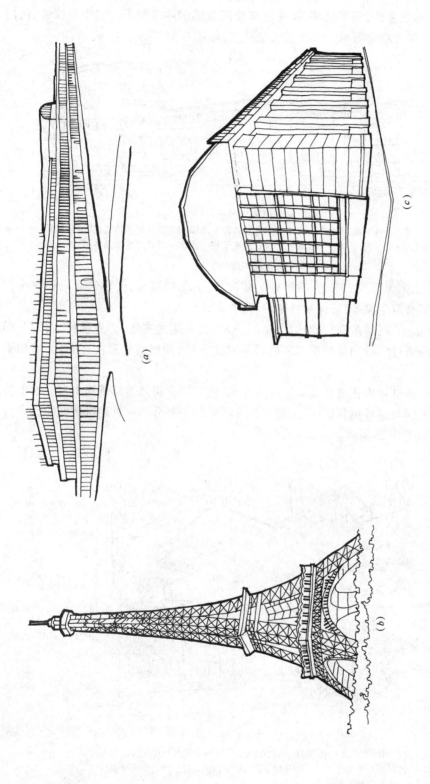

图 0-23 新建筑运动中出现的著名建筑

（a）伦敦水晶宫；（b）埃菲尔铁塔；（c）透平机车间

伦敦水晶宫是世界博览会的陈列大厅，大于4000m²的建筑面积，用铁、木、玻璃的标准构件在不到9个月时间内装配起来，向世人展示了新建筑技术的先进性和艺术表现的可能性。高达328m的法国埃菲尔铁塔充分表现了现代工业的威力和成就。透平机车间是一座具有表现派艺术风格的大跨钢屋架的工业建筑。外形和它的大跨钢屋架完全一致，但朴素地表现结构形式，大片的玻璃窗和墙面的捷实对比，摒弃了任何附加物，成为艺术表现手段。

15

应反映功能,提出按人体尺度进行设计的思想;提出自由布局、流动空间的主张;提出采用新技术、新材料、废弃虚假装饰,强调经济,提高建筑使用效能的主张等等。包豪斯校舍、西门子城住宅、巴黎瑞士学生宿舍等就是理性主义的代表,如图0-24所示。

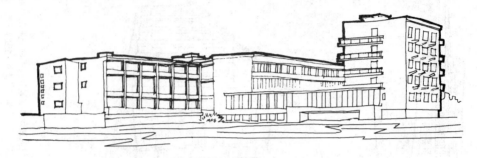

图 0-24　包豪斯校舍

包豪斯校舍,功能分区明确,而各部分之间又有良好的联系,根据功能要求组织体型,从不同角度观察都有良好的效果,立面简洁,富于节奏和变化。它表现了现代建筑的设计思想和风格,是现代建筑史上一个重要的里程碑

西门子城住宅总体为行列式布置,有较好的朝向,按人体尺度设计,建筑面积和空间利用都很经济,每户都有卫生设备,形体简朴整洁,富有居住气氛。

巴黎瑞士学生宿舍,底层敞开,二至四层全用玻璃墙,五层为实墙,开少量窗,立面上形成虚实对比,而且还通过形状和材料质感和色彩等对比手法,使建筑轮廓富有变化,增加了建筑体形的生动性。

有机建筑主张:按事物内在的自然本性创造建筑,使建筑显得像是从基地中自然地生长出来一样,在造型上同周围环境和谐配合,使之成为环境的一部分。有机建筑典型的代表为流水别墅等建筑,如图0-25所示。

图 0-25　流水别墅

流水别墅造在森林中,跨越一个小瀑布,参差不齐的水平阳台伸向岩石和树丛,把外面的空气、阳光、水声和绿荫引到室内去。建筑和自然完全融合在一起,成为环境的一部分。

上述的现代建筑主张和实践,相对于以前的建筑来说无疑是革命性的,但也隐含不成熟的因素或不严密的部分,在整体上也显得不够全面。

第二次世界大战以后,随着科学和工业技术的高度发展,建筑技术出现惊人的飞跃,新结构相继出现;施工的工业化程度越来越高,建材品种日益丰富,质量大大提高;设备技术有极大的发展,同时,不断有人从不同方面对现代建筑进行探索。这些探索主要表现在以下几个方面:

1. 在功能方面

现代生活与生产要求日益多样和复杂,而且变化速度很快,提出建筑空间要具实用性、通用性、多功能等主张,如图 0-26 所示。

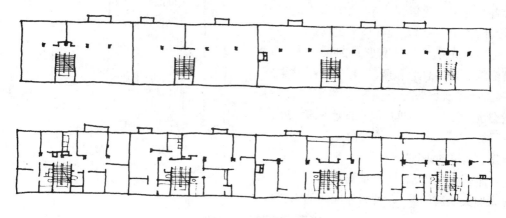

图 0-26　魏森霍夫住宅

上图住宅平面中,每户只有 1~2 根柱子,可以根据不同需要进行自由分隔

2. 在结构技术方面

主要是根据现代科学技术成就,着重在解决高层和大跨度等问题的基础上,探求新的合理的建筑方法。

高层建筑本世纪 30 年代开始建造,二次大战以后,更加蓬勃发展。这时将高层建筑体型由原来的阶梯形发展为板式或塔式;平面形式趋向多样化;结构由框架发展到框剪和筒体;立面构图一般都比较简洁。如图 0-27 所示。

由于社会对大空间建筑需要增加,各种空间薄壁结构理论日趋成熟,和结构形式日益多样。从覆盖的跨度来看,发展的趋势是越来越大,如图 0-28 所示。

3. 在建筑艺术方面

在主张建筑的形式是功能、材料、结构以及建造方法的反映以外,还强调有机性、地区性和人情味,提倡个性,提倡精神要求。悉尼歌剧院就是这些主张的代表之一。

4. 在建筑工业化方面

主张把房屋用大工业的组织和生产方式来建造。对房屋的建筑、结构、设备、构配件生产和运输,现场施工组织和装配,技术经济分析和管理,以及市场需求和销售,使用、维修和管理等各个环节进行统筹计划安排,纳入一个完整的工业化体系之中。

本世纪 60 年代末以后,欧美各国先后出现了"第四次产业革命",再加上电脑进入建筑、能源危机以及环境污染等引起的一系列问题,正在给建筑以新的巨大的冲击,建筑上新的突破又在酝酿之中,目前初露的以下一些迹象已引起人们重视。

（1）随着电脑和各种自动控制设备在建筑中广泛应用，智能建筑正在出现。

（2）如何解决环境污染，创造良好的生活环境，被提到了重要位置，要从环境的角度来处理建筑问题。

（3）随着能源危机和效能问题的加剧，出现太阳能建筑和各种节能建筑，提出各种城市布局新设想。

（4）重视建筑与工业相结合，出现上千种各种各样的工业化建筑体系，改变着建筑的筹划、设计、施工、使用管理等环节的状况。

（5）建筑界产生了不少新的设计思潮和建筑流派。这些思潮和流派，有的重视科学技术，强调结构、设备；有的重视艺术表现；有的重视创造室内、外空间环境的意义等，如图0-29所示。

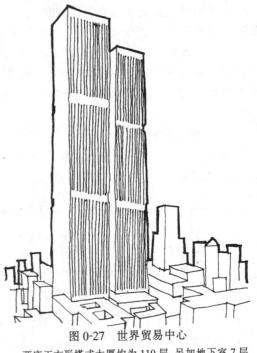

图 0-27 世界贸易中心

两座正方形塔式大厦均为 110 层，另加地下室 7 层，地面以上高为 411m，造型简洁

三、建筑的未来

半个多世纪以来，城市重建和城市住宅一直是人们关注的问题，人类居住问题的综合探

图 0-28 美国伊利诺大学多功能会堂

建筑采用预应力薄壳屋顶。跨度达 132m

讨一直在继续。但实质上，相对于今天的情况和以后的发展来看，还仅仅只能算是一种思想启蒙运动。1992 年召开的联合国环境与发展大会，1996 年召开的联合国"人居"大会是人类人居环境思想史上的两件大事。它们表明，人类已开始关心自身的人居环境的建设，人居环境科学已逐步成为改进住宅，改造城市，改造社会的世界性运动。两次大会上由各国政府首脑签署的文件，使人类有了一个共同的行动纲领，这标志人类对居住环境追求的觉醒。相信通过全世界人民的共同努力，人居环境的建设必然会有相当大的推动。

要解决人居环境问题，需要人类付出艰辛的劳动，在理论和实践上作深入、细致、全面的探索。当前，在可持续发展的建筑与城市走向建筑、城市规划与园林的融合、人文精神复萌等方面的问题，在理论和实践上得到人们普遍的关注。

可持续发展，这是人类共同的选择。所谓可持续发展，就是既能满足当前的需要，又具有逐步完善和发展的潜力。可持续发展已经并将进一步促进建筑发生重大变化。比如，设计中强调能源使用的集约化，运用建筑热工原理节约能源，利用高技术创造低能耗的环境，提倡减少使用、重复使用和循环使用;强调建设与生态保护相结合,尽量减少对自然界和环境的不良影响,发展生态建筑和生态城市等等。有关专家已提出可持续发展设计的方法。可持续发展思想还推动了新建筑艺术形式的创造。建筑走可持续发展道路,必将带来又一新的建筑运动,必将影响到建筑的发展。

　　第二次世界大战以来,城市化急剧发展。改变了传统的建筑和城市时空观,建筑与城市规划和城市设计的关系已经密不可分,建筑与园林的关系也密不可分。生态建筑、生态城市、绿色设计、绿色建筑、绿色城市已成为十分引人注目的学术思潮。这些“绿色”设计思想,同时关心人和环境,使建筑和城市既服务于人,又不滥用自然,追求效率高、环境好、自身适应地方生态而又不破坏生态的建筑和城市。

　　人的精神复萌是当代建筑发展的主趋势之一。其表现为两个方面,一是全球建筑文化热的兴起,二是人们正在通过各种渠道寻找并发扬建筑的地区性。增强建筑的文化内涵,探讨地区建筑文化的规律,通过广泛比较、寻求建筑文化的根,成了发展建筑的必由之路。

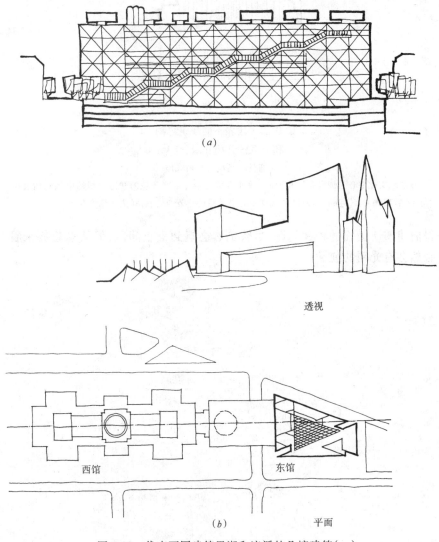

图 0-29　代表不同建筑思潮和流派的几幢建筑(一)

(a)蓬皮杜文化中心;(b)华盛顿国家美术馆东馆

19

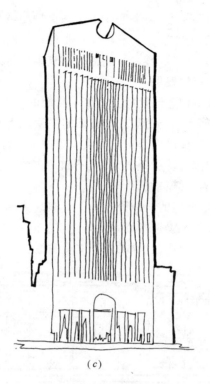

(c)

图 0-29　代表不同建筑思潮
和流派的几幢建筑(二)

(c) 纽约电话电报公司大厦

蓬皮杜文化中心强调设备结构,而东馆非常重视室外空间环境的塑造。纽约电报电话公司
大厦是"后现代主义"建筑,从西欧的式样中寻求灵感进行装饰处理,强调建筑个性

　　解决目前建筑所面临的种种问题,尽管仍然会遇到重重问题,但从总趋势来看,人居环
境的建设必然会有光明的前途。

第一篇　民用建筑构造

第一章　概　述

第一节　建筑的分类

建筑可按不同的方式进行分类：

一、按建筑物的使用性质分

（1）工业建筑：供人们从事各类生产的房屋。包括生产用房屋及辅助用房屋。

（2）民用建筑：供人们居住、生活、工作和从事文化、商业、医疗、交通等公共活动的房屋。包括居住建筑和公共建筑。

（3）农业建筑：供人们从事农牧业的种植、养植、畜牧、贮存等用途的房屋。

大部分农业建筑的设计原理和构造方法与工业或民用建筑相似，因此常常不把农业建筑单独列为一类。

二、按主要承重构件的材料分

（1）砖混结构建筑：用砖墙（或柱）、钢筋混凝土楼板和屋顶承重构件作为主要承重结构的建筑。这类结构目前广泛用于层数不多（六层或六层以下）的民用建筑及小型工业厂房中。

（2）钢筋混凝土结构建筑：主要承重构件全部采用钢筋混凝土的建筑。这类结构普遍应用于大型公共建筑、高层建筑和工业建筑。

（3）钢结构建筑：主要承重构件全部用钢材制作的建筑。这类结构主要用于超高层建筑、大型公共建筑和工业建筑中。

三、按结构的承重方式分

（1）墙承重式建筑：用墙体承受楼板及屋顶传来的全部荷载的建筑。比如一些六层以下的住宅、教学楼、办公楼等。

（2）框架结构建筑：用梁、板、柱（或板、柱）组成的结构体系来承受屋面、楼面传来的荷载的建筑。墙体在框架结构建筑中起围护、分隔作用，同时也增强了房屋的空间刚度，但不承重。目前我国的框架结构建筑多采用钢筋混凝土建造。

当建筑物的内部用梁、板、柱组成的框架结构承重，四周用外墙承重或者当建筑物下部几层用框架承重，上部几层用墙承重时，我们常称之为部分框架建筑。如某些仓库、首层为商店的多层住宅等。

（3）剪力墙结构建筑：由纵、横向钢筋混凝土墙组成的结构来承受荷载的建筑。这种钢筋混凝土墙不仅能抵抗水平荷载和竖向荷载作用,还对房屋起围护和分割作用。这类建筑侧向刚度大,可以建得很高,适用于高层住宅、旅馆等建筑,如北京国际饭店。

框架结构纵、横方向的适当位置,在柱与柱之间设置几道厚度大于 140mm 的钢筋混凝土墙体(剪力墙),从而形成了框架-剪力墙结构。在这种结构中,剪力墙平面内的侧向刚度比框架的侧向刚度大得多,所以在风荷载或地震作用下产生的剪力主要由剪力墙来承受,一小部分剪力由框架承受,而框架主要承受竖向荷载。

随着房屋层数的进一步增加,结构需要具有更大的侧向刚度,以抵抗风荷载和地震的作用,因而出现了筒体结构。筒体结构是用钢筋混凝土墙围成侧向刚度很大的筒体,其受力特点与一个固定于基础上的筒形悬臂构件相似。当建筑物高度更高,侧向刚度要求更大时,可采用筒中筒结构。筒体结构多用于高层或超高层建筑中。如北京国家教委电教中心大楼。

(4) 大跨度建筑:横向跨越 30m 以上空间的各类结构形成的建筑。在这类结构中,屋盖采用钢网架、悬索或薄壳等,多用于体育馆、大型火车站、航空港等公共建筑中。如北京首都体育馆、杭州汽车东站采用的是网架结构,浙江省体育馆采用的是悬索结构。

(5) 排架结构建筑:排架结构建筑由屋架(或屋面大梁)、柱和基础构成主要的承重骨架。这些构件一般均以钢筋混凝土材料制作。屋架与柱形成铰接,柱与基础形成刚接。在屋面荷载作用下屋架本身按桁架计算。当柱上有荷载作用时,屋架只起两柱顶的联系作用,相当于一个连杆。这类结构广泛用于生产较重或尺寸较大产品的生产车间。如汽车制造、冶金等单层厂房。

四、按建筑的层数分

(1) 低层建筑:主要指 1～3 层的住宅建筑。

(2) 多层建筑:主要指 4～6 层的住宅建筑。

(3) 中高层建筑:主要指 7～9 层的住宅建筑。

(4) 高层建筑:10 层至 10 层以上的住宅建筑或总高度超过 24m 的公共建筑及综合性建筑(不包括高度超过 24m 的单层主体建筑)。

(5) 超高层建筑:高度超过 100m 的住宅或公共建筑。

五、按抗震要求建筑根据其重要性分

(1) 甲类建筑:特殊要求的建筑,如遇地震破坏会导致严重后果的建筑等,其建造必须经国家规定的批准权限批准。

(2) 乙类建筑:国家重点抗震城市的生命线工程的建筑。

(3) 丙类建筑:甲、乙、丁类以外的建筑。

(4) 丁类建筑:次要的建筑,如遇地震破坏不易造成人员伤亡和较大经济损失的建筑等。

第二节　建 筑 的 等 级

一、按防火性能分四级

我国《建筑设计防火规范》(GBJ 16—87)规定,建筑物的耐火等级分四级。耐火等级标准是根据房屋主要构件的燃烧性能和耐火极限确定的,见表 1-1-1。

构 件 名 称		耐 火 等 级			
		一 级	二 级	三 级	四 级
		燃烧性能和耐火极限(h)			
墙	防火墙	非燃烧体 4.00	非燃烧体 4.00	非燃烧体 4.00	非燃烧体 4.00
	承重墙、楼梯间、电梯井的墙	非燃烧体 3.00	非燃烧体 2.50	非燃烧体 2.50	难燃烧体 0.50
	非承重外墙、疏散走道两侧的隔墙	非燃烧体 1.00	非燃烧体 1.00	非燃烧体 0.50	难燃烧体 0.25
	防火隔墙	非燃烧体 0.75	非燃烧体 0.50	难燃烧体 0.50	难燃烧体 0.25
支承多层的柱		非燃烧体 3.00	非燃烧体 2.50	非燃烧体 2.50	难燃烧体 0.50
支承单层的柱		非燃烧体 2.50	非燃烧体 2.00	非燃烧体 2.00	燃烧体
梁		非燃烧体 2.00	非燃烧体 1.50	非燃烧体 1.00	难燃烧体 0.50
楼板		非燃烧体 1.50	非燃烧体 1.00	非燃烧体 0.50	难燃烧体 0.25
屋顶承重构件		非燃烧体 1.50	非燃烧体 0.50	燃烧体	燃烧体
疏散楼梯		非燃烧体 1.50	非燃烧体 1.00	非燃烧体 1.00	燃烧体
吊顶(包括吊顶搁栅)		非燃烧体 0.25	难燃烧体 0.25	难燃烧体 0.15	燃烧体

燃烧性能指组成建筑物的主要构件在明火或高温作用下,燃烧与否,以及燃烧或炭化的难易程度。按燃烧性能建筑构件分为非燃烧体、难燃烧体和燃烧体。

耐火极限指建筑构件遇火后能支持的时间。对任一建筑构件按时间——温度标准曲线进行耐火试验,从受到火的作用起,至失去支持能力或完整性被破坏或失去隔火作用时为止的时间,用小时表示,即为该构件的耐火极限。

二、按耐久年限分四级

(1) 一级耐久年限:100 年以上,适用于重要的建筑和高层建筑。

(2) 二级耐久年限:50～100 年,适用于一般性建筑。

(3) 三级耐久年限:25～50 年,适用于次要建筑。

(4) 四级耐久年限:15 年以下,适用于临时性建筑。

第三节 民用建筑构造组成

一、影响房屋构造的主要因素

1. 外力作用的影响

房屋结构上的作用,是指使结构产生效应(结构或构件的内力、位移、应变、裂缝等)的各种原因的总称,包括直接作用和间接作用。房屋的结构设计主要根据作用力的大小进行结构计算,确定构件的用料和尺度。

2．自然界的其他影响

房屋在自然界中要经受日晒、雨淋、冰冻、地下水的侵蚀等影响,因而房屋的相关部位要采取保温、隔热、防水等构造措施。

3．各种人为因素的影响

人们所从事的生产、工作、学习与生活活动,也将产生对房屋的影响。如机械振动、化学腐蚀、噪声、爆炸和火灾等,就是人为因素的影响。为了防止这些影响造成危害,房屋的相应部位要采取防震、耐腐蚀、隔声、防爆、防火等构造措施。

二、地震烈度与抗震设防标准

1．地震烈度

地震烈度是指地震时在一定地点震动的强度程度。相对震源而言,地震烈度也可以把它理解为地震场的强度。1980年国家地震局颁布了《中国地震烈度[1980]》,见表1-1-2。

中 国 地 震 烈 度 表 (1980)　　表 1-1-2

烈度	人 的 感 觉	一 般 房 屋		其 他 现 象	参考物理指标	
		大多数房屋震害程度	平均震害指数		水平加速度 (cm/s²)	水平速度 (cm/s)
1	无感					
2	室内个别静止中的人感觉					
3	室内少数静止中的人感觉	门、窗轻微作响		悬挂物微动		
4	室内多数人感觉,室外少数人感觉,少数人梦中惊醒	门、窗作响		悬挂物明显摆动、器皿作响		
5	室内普遍感觉,室外多数人感觉。多数人梦中惊醒	门窗、屋顶、屋架颤动作响,灰土掉落,抹灰出现微细裂缝		不稳定器物翻倒	31 (22~44)	3(2~4)
6	惊慌失措,仓惶逃出	损坏——个别砖瓦掉落、墙体微细裂缝	0~0.1	河岸和松软土上出现裂缝。饱和砂层出现喷砂冒水。地面上有的砖烟囱轻度裂缝、掉头	63 (45~89)	6 (5~9)
7	大多数人仓惶逃出	轻度破坏——局部破坏、开裂,但不妨碍使用	0.11~0.30	河岩出现坍方,饱和砂层常见喷砂冒水。松软土上地裂缝较多。大多数砖烟囱中等破坏	125 (90~177)	13(10~18)
8	摇晃颠簸,行走困难	中等破坏——结构受损,需要修理	0.31~0.50	干硬土上亦有裂缝,大多数砖烟囱严重破坏	250 (178~353)	25 (19~35)

24

烈度	人的感觉	一般房屋		其他现象	参考物理指标	
		大多数房屋震害程度	平均震害指数		水平加速度（cm/s²）	水平速度（cm/s）
9	坐立不稳。行动的人可能摔跤	严重破坏——墙体龟裂、局部倒塌，复修困难	0.51~0.70	干硬土上有许多地方出现裂缝，基岩上可能出现裂缝。滑坡、坍方常见。砖烟囱出现倒塌	500（354~707）	50（36~71）
10	骑自行车的人会摔倒。处不稳状态的人会摔出几尺远。有抛起感	倒塌——大部倒塌，不堪修复	0.71~0.90	山崩和地震断裂出现。基岩上的拱桥破坏。大多数砖烟囱从根部破坏或倒毁	1000（708~1414）	100（72~141）
11		毁灭	0.91~1.00	地震断裂延续很长。山崩常见。基岩上拱桥毁坏		
12				地面剧烈变化、山河改观		

注：1. 1~5度以地面上人的感觉为主，6~10度以房屋震害为主，人的感觉仅供参考，11、12度以地表现象为主。11、12度的评定，需要专门研究。

2. 一般房屋包括用木构架和土、石、砖墙构造的旧式房屋和单层或数层的、未经抗震设计的新式砖房。对于质量特别差或特别好的房屋，可根据具体情况，对表列各烈度的震害程度和震害指数予以提高或降低。

3. 震害指数以房屋"完好"为0，"毁灭"为1，中间按表列震害程度分级。平均震害指数指所有房屋的震害指数的总平均值而言，可以用普查或抽查方法确定。

4. 使用本表时可根据地区具体情况，作出临时的补充规定。

5. 在农村可以自然村为单位，在城镇可以分区进行烈度的评定，但面积以1hm²左右为宜。烟囱指工业或取暖用的锅炉房烟囱。

表中数量词的说明：个别：10%以下；少数：10%~50%；多数：50%~70%；大多数70%~90%；普遍，90%以上。

2. 抗震设防标准

抗震设防是对建筑进行抗震设计。抗震设防标准的依据是设防烈度。在一般情况下采用基本烈度。

各类建筑抗震设计，应符合下列要求：

（1）甲类建筑的地震作用，应按专门研究的地震动参数计算；其它各类建筑的地震作用，应按本地区的设防烈度计算，但设防烈度为6度时，除《建筑抗震设计规范》有具体规定外，可不进行地震作用计算。

（2）甲类建筑应采取特殊的抗震措施；乙类建筑除《建筑抗震设计规范》有具体规定外，可按本地区设防烈度提高一度采取措施，但设防烈度为9度时可适当提高；丙类建筑可按本地区设防烈度采取抗震措施；丁类建筑可按本地区设防烈度降低一度采取抗震措施，但设防烈度为6度时不可降低。

三、民用建筑构造组成

一幢房屋，尽管它们在使用要求，空间组合、外形处理、规模大小等各不相同，但是构成建筑物的主要组成部分是相同的，它们包括基础、墙和柱、楼地层、楼梯、屋顶和门窗等。如图1-1-1所示，是某校四层办公楼的各组成部分。

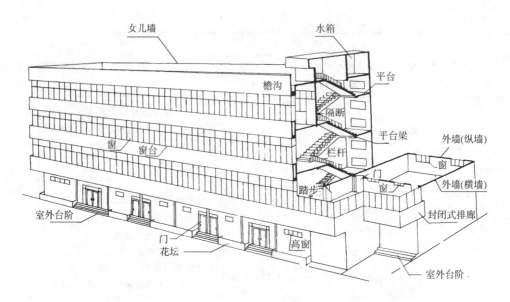

图 1-1-1　某学校办公楼各组成部分示意图

基础是房屋最下面的部分,它承受房屋的全部荷载,并把这些荷载传给下面的土层——地基。

墙或柱是房屋的垂直承重构件,它承受楼地层和屋顶传给它的荷载,并把这些荷载传给基础。墙不仅有承重作用,还起着围护和分隔建筑空间的作用。

楼地层是房屋的水平承重和分隔构件,包括楼板和地面两部分。

楼梯是楼房建筑中联系上下各层的垂直交通设施。

屋顶是房屋顶部的承重和围护部分。它承受作用于屋顶上的风荷载、雪荷载和屋顶自重等荷载,还要防御自然界的风、雨、雪、太阳辐射热和冬季低温等的影响。

门是供人及家具设备进出房屋和房间的建筑配件,同时还兼有围护、分隔作用。

窗的主要作用是采光、通风和供人眺望。

房屋除上述基本组成部分外,还有台阶、雨篷、雨水管、明沟或散水等等。

第四节　建 筑 模 数 制

为了简化定型构件的类型,使建筑设计标准化、构件生产工厂化、施工机械化,我国制订了《建筑模数协调统一标准》(GBJ 2—86),作为建筑物、建筑构配件、建筑制品等尺度相互协调的法则。

一、建筑模数

建筑模数是选定的尺寸单位,作为建筑空间、构配件以及有关设备尺度协调中的增值单位。模数协调中选用的基本尺寸单位称为基本模数。我国将基本模数定为 100mm,以 M来表示,即 1M＝100mm。整个建筑物或建筑物的一部分以及建筑组合件的模数化尺寸,应是基本模数的倍数。模数协调中还包括导出模数,导出模数分为扩大模数和分模数。扩大模数是基本模数的整倍数,它们是 3M、6M、12M、15M、30M、60M,其相应尺寸是 300、600、1200、1500、3000、6000mm;分模数是基本模数的分倍数,它们是 1/10M、1/5M、1/2M,其相应尺寸为 10,20,50mm。基本模数、扩大模数和分模数构成一个完整的模数数列,见表 1-1-3。模数数列中分模数主要用于缝隙、构造节点、构配件截面等处;基本模数主要用于建筑物层高、门窗洞口和构配件截面等处;扩大模数主要用于建筑物的开间或柱距、进深或跨度、构配件尺寸和门窗洞口等处。

例如根据国家标准《住宅建筑模数协调标准》(GBJ 100—87)规定:

砖混结构住宅建筑的开间应采用下列常用参数:2100、2400、2700、3000、3300、3600、3900、4200mm。

住宅建筑的进深应采用下列常用参数:3000、3300、3600、3900、4200、4500、4800、5100、5400、5700、6000mm。

住宅建筑的层高应采用下列常用参数:2600、2700、2800mm。

二、定位轴线

定位轴线是用来确定房屋主要结构或构件的位置及其尺寸的基线。用于平面时称平面定位线。用于竖向时称竖向定位线。定位线之间的距离应符合模数数列的规定。

模 数 数 列（mm）（GBJ 2—86） 表 1-1-3

基本模数	扩 大 模 数						分 模 数		
1M	3M	6M	12M	15M	30M	60M	$\frac{1}{10}$M	$\frac{1}{5}$M	$\frac{1}{2}$M
100	300	600	1200	1500	3000	6000	10	20	50
100	300						10		
200	600	600					20	20	
300	900						30		
400	1200	1200	1200				40	40	
500	1500			1500			50		50
600	1800	1800					60	60	
700	2100						70		
800	2400	2400	2400				80	80	
900	2700						90		
1000	3000	3000		3000	3000		100	100	100
1100	3300						110		
1200	3600	3600	3600				120	120	
1300	3900						130		
1400	4200	4200					140	140	
1500	4500			4500			150		150
1600	4800	4800	4800				160	160	
1700	5100						170		
1800	5400	5400					180	180	
1900	5700						190		

基本模数	扩 大 模 数						分 模 数		
1M	3M	6M	12M	15M	30M	60M	$\frac{1}{10}$M	$\frac{1}{5}$M	$\frac{1}{2}$M
2000	6000	6000	6000	6000	6000	6000	200	200	200
2100	6300							220	
2200	6600	6600						240	
2300	6900								250
2400	7200	7200	7200					260	
2500	7500			7500				280	
2600		7800						300	300
2700		8400	8400					320	
2800		9000		9000				340	
2900		9600	9600						350
3000				10500				360	
3100			10800					380	
3200			12000	12000	12000	12000		400	400
3300					15000				450
3400					18000	18000			500
3500					21000				550
3600					24000	24000			600
					27000				650
					30000	30000			700
					33000				750
					36000	36000			800
									850
									900
									950
									1000

在砖混结构中,承重内墙的顶层墙身中心线应与平面定位轴线相重合(图1-1-2),承重外墙的顶层墙身内缘与平面定位轴线的距离应为120mm(图1-1-3),非承重墙除可按承重内墙或外墙的规定定位外,还可使墙身内缘与平面定位轴线相重合;带壁柱外墙的墙身内缘与平面定位轴线相重合(图1-1-4),或距墙身内缘的120mm处与平面定位轴线相重合(图1-1-5)。

底层为框架结构时,框架结构的定位轴线应与上部砖混结构平面定位轴线一致。

砖墙的竖向定位应符合下列规定,楼(地)面竖向定位应与楼(地)面面层上表面重合(图1-1-6),屋面竖向定位线应为屋面结构层上表面与距墙内缘120mm处(或与墙内缘重合处)的外墙定位轴线的相交处(图1-1-7)。

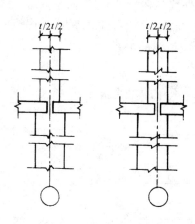

图 1-1-2　承重内墙定位轴线

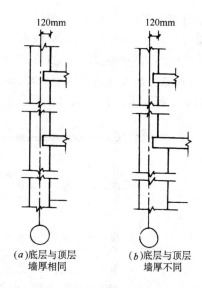

(a)底层与顶层　　　(b)底层与顶层
墙厚相同　　　　　墙厚不同

图 1-1-3　承重外墙定位轴线

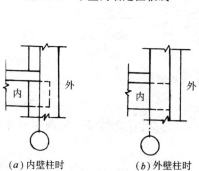

(a)内壁柱时　　　　(b)外壁柱时

图 1-1-4　定位轴线与墙
身内缘相重合

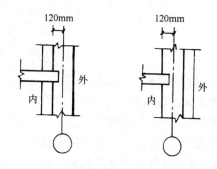

图 1-1-5　定位轴线
距墙身内缘 120mm

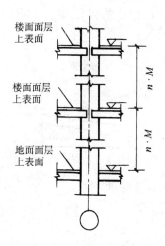

图 1-1-6　砖墙的定位轴线

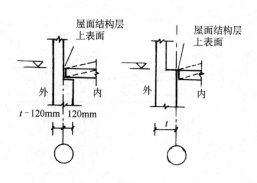

图 1-1-7　屋面竖向定位

当建筑物采用框架结构时,中柱(中柱的上柱或顶层中柱)的中线一般与纵、横向平面定位线相重合。边柱的外缘一般与纵向平面定位线相重合或偏离,也可使边柱(顶层边柱)的纵向中心线与纵向平面定位线相重合。一般做法是:外墙包在柱外时,纵向平面定位线定在柱的外缘;外墙外缘与柱的外缘相平时,纵向平面定位线定在柱中。边柱的横向中线一般与横向平面定位线相重合,如图1-1-8所示,为柱与平面定位线的关系之一。

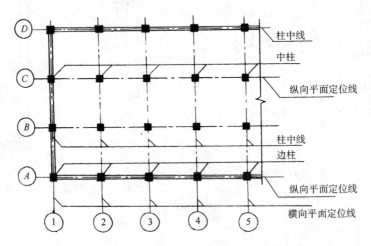

图 1-1-8　柱与平面定位线的关系

三、建筑构配件的三种尺寸

为了保证建筑制品、构配件等有关尺寸间的统一与协调,在建筑模数协调中尺寸分为标志尺寸、构造尺寸和实际尺寸。

标志尺寸:用以标注建筑物定位线之间的距离(如跨度、柱距、层高等),以及建筑制品、构配件、有关设备位置界限之间的尺寸。标志尺寸应符合模数数列的规定。

构造尺寸:构造尺寸是建筑制品、构配件等生产的设计尺寸。一般情况下,构造尺寸加上缝隙尺寸等于标志尺寸。缝隙尺寸的大小,宜符合模数数列的规定。

实际尺寸:实际尺寸是建筑制品、建筑构配件等生产制作后的实有尺寸。实际尺寸与构造尺寸之间的差数,应由允许偏差值加以限制(图1-1-9)。

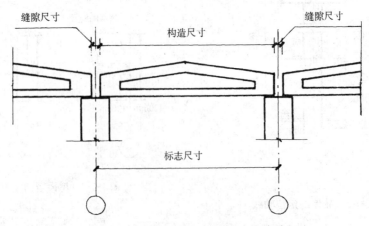

图 1-1-9　标志尺寸与构造尺寸的关系

第二章　基础与地下室

第一节　基础与地基概念

一、基础与地基

基础是房屋最下面的一个组成部分,一般埋在土中。基础支承在其下面的土层上。房屋所受的所有荷载都要通过一系列构部件传给基础,再由基础传给下面的土层。受基础荷载影响的土层叫地基。

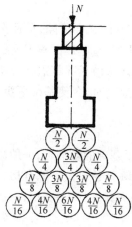

图 1-2-1　地基中荷载
扩散示意图

地基承受荷载后其内部将产生应力和变形,应力随着土层厚度的增加而变小,达到一定深度以后就可以忽略不计。如图 1-2-1 所示为地基中荷载扩散示意图。

不同的地基承受基础的荷载有一定的限度,在稳定的条件下,地基每平方米所能承受的最大压力为地基允许承载力。为了保证房屋的稳定、安全和正常使用,必须保证基础底面处的平均压力不超过地基承载能力。房屋的全部荷载是通过基础底面传给地基的,当房屋荷载一定时,加大墙柱下基础的底面积可以减少单位面积基础底面处的平均压力,从而使单位面积地基土所受的压力小于或等于地基承载能力。在地基允许承载力不变的情况下,房屋总荷载越大,基础底面积需设置得愈大;当房屋总荷载不变时,地基允许承载力越小,基础底面积也需设置得越大。

地基分为天然地基和人工地基两大类。天然地基指天然土层具有足够的承载力,不需经人工改良或加固可以直接在上面建造房屋的地基。如岩石、碎石土、砂土、粉土、粘性土等。人工地基指土层的承载力差(如淤泥、人工填土等),直接在上面建筑房屋时,缺乏足够的坚固性和稳定性,必须对土层进行人工加固后,才能在上面建筑房屋。常用的人工加固地基方法有压实法、换土法和挤密法。

二、基础的埋置深度

由室外设计地面到基础底面的距离,叫基础的埋置深度,简称基础埋深(如图 1-2-2)。基础埋深大于 5m 的称为深基础。基础埋深不超过 5m 的称为浅基础。基础埋深愈小,工程造价愈低。因此在确定基础埋深时,应优先选择浅基础。但当基础埋得过浅,地基受到压力后有可能把四周的土挤走,使基础失去稳定,同时基础还易受各种侵蚀和影响,造成破坏。故基础埋深一般不宜小于 0.5m。

不同的房屋基础埋置深度不同。影响基础埋深的因素很多,其中主要有以下几方面:

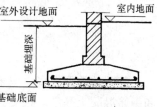

图 1-2-2　基础的埋置深度

1．建筑物的用途(有无地下室、设备基础和地下管线)及基础的型式和构造

在工程中要求将地下室、设备基础、地下设施以及建筑物基础一律埋到地下去。

2．作用在地基上的荷载大小和性质

荷载有静荷载与动荷载之分,其中,静荷载引起的沉降最大,而动荷载引起的沉降往往较小,因此,当静荷载较大时,宜埋得深些。

3．工程地质和水文地质条件

基础必须建造在坚实可靠的地基上。地表以下土呈层状分布,不同深度不同土层的特性及受力能力并不一致,在这些不同的土层中,究竟应把基础埋在什么深度要深入分析研究后才能确定。

基础应力争埋在地下水位以上,以减少特殊的防水措施,有利于施工。如必须设在地下水位以下时,基础所用材料应具有良好的耐水性能。

4．地基土的冻结深度和地基土的湿陷

地基如为冻胀土,则地基土冻胀时,会使基础隆起,冰冻消失后,基础又会下陷,久而久之,基础就被破坏,这种现象称为冻害。为避免冻害,地基土为冻胀土时,基础埋深根据土的类别、天然含水量、冰冻期间地下水位的高度、房屋内外地面高差、房屋采暖情况等进行分析处理,当然最好能埋在冰冻线以下 200mm。湿陷性黄土性地基遇水湿陷时,会使基础下沉,为此,要求基础埋得深一些,免受地表水浸湿。

5．相邻建筑物的基础埋深

在原有房屋附近建造房屋时,除要考虑新建房屋荷载对原有房屋基础的影响外,一般新建房屋的基础埋深最好小于原有房屋基础的埋深,如新建房屋基础埋深必须大于原有房屋基础埋深时,应使两基础间保持一定净距,此净距一般为相邻基础底面高差的 1～2 倍,如图 1-2-3 所示。

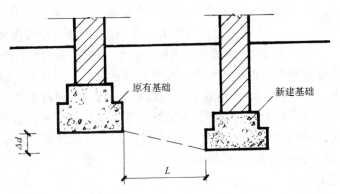

图 1-2-3　相邻建筑物基础埋深的影响

第二节　基础的类型与构造

基础的类型很多。按采用材料的不同可分为:砖基础、毛石基础、灰土基础、混凝土基础和钢筋混凝土基础。按受力性能又可分为:刚性基础和柔性基础。按构造形式分有:条形基础、独立基础、整片基础和桩基础。

基础构造类型的选择与建筑物上部结构形式、荷载大小及地基承载力等有关。

一、条形基础

条形基础呈连续的带状，故也称带形基础。条形基础一般用于砖混结构的承重墙下，当房屋为框架结构时，若荷载较大且地基为软土时，也有从单向或双向将柱下基础连续设置。

一般的条形基础由三个部分组成，即基础墙、大放脚和垫层。图 1-2-4 是砖砌条形基础的剖面图。砖砌条形基础的大放脚有等高式与间隔式两种做法，如图 1-2-5。

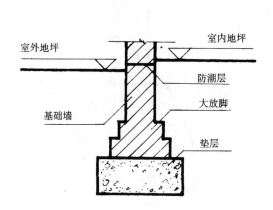
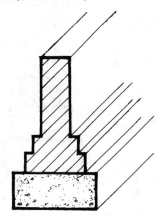

图 1-2-4 砖砌的条形基础

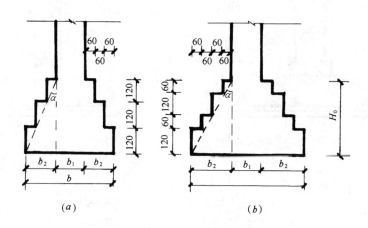

图 1-2-5 砖砌条形基础的大放脚
(a) 等高式；(b) 间隔式

基础的大放脚如同悬臂梁，地基反力的作用下，基底将产生很大的拉应力。当这个拉应力超过材料的允许拉应力时，基底将被拉裂。实践证明，基底出挑宽度与高度之比 $(tg\ \alpha)$ 小于某一数值，即大放脚控制在某一角度之内，则基底不会被拉裂，该角就称为刚性角 (α)。凡受刚性角限制的基础称刚性基础，象砖基础、毛石基础、灰土基础与混凝土基础，均属于刚性基础。

大放脚采用毛石砌筑的称毛石基础。毛石基础剖面形式有矩形、阶梯形和梯形等多种。毛石基础不另做垫层，如图 1-2-6(a) 所示。

大放脚采用混凝土浇捣的称混凝土基础。混凝土基础剖面形式有矩形、阶梯形和锥形，如图1-2-6(b)所示。

当上部荷载很大，地基承载力很小，采用上述各类基础均不经济时，可采用钢筋混凝土基础。基础剖面多为扁锥形，因为混凝土中配有的钢筋可以承受拉力，所以钢筋混凝土基础可以做得宽且薄，基础可不受刚性角的限制。象这类不受刚性角限制的基础称柔性基础。如图1-2-6(c)所示。若地基土质不均，可做成带地梁的形式，如图1-2-6(d)所示。

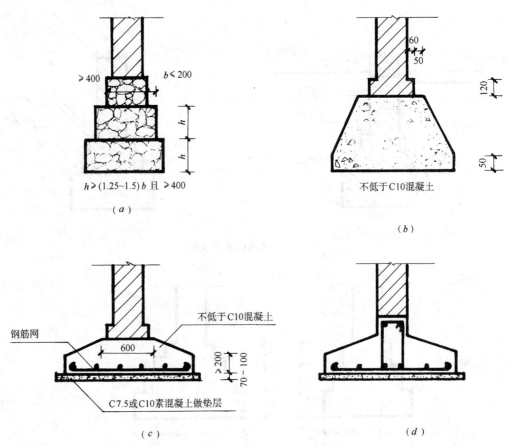

图1-2-6　基础的形式(一)——条形基础

(a)毛石基础；(b)混凝土基础；(c)、(d)钢筋混凝土基础

二、独立基础

独立基础多呈柱墩形，其形式有台阶形、锥形，用料和构造与条形基础基本相同，主要用于框架结构与排架结构的柱下，如图1-2-7(a)所示。

当地基土质不均匀、承载力较小，上部荷载很大时，独立的柱墩式基础很可能做得很大以至要靠到一起，在这种情况下，为便于施工操作，可在一个或两个方向把独立的柱墩式基础连接起来，成为单向连续的基础或十字交叉的井格式基础。

三、整片基础

整片基础包括筏形基础和箱形基础。

1. 筏形基础

34

筏形基础又叫板式基础或满堂式基础,适用于上部结构荷载较大、地基承载力差、地下水位较高、采用其他基础不够经济的情况。筏形基础按结构形式分为梁板式和板式两类。如图1-2-7(b)为梁板式筏形基础,其受力状态类似倒置的钢筋混凝土楼板,框架柱位于地梁上(一般均为纵横地梁的交叉点上),将荷载传给地梁下的底板,底板再将荷载传给地基。一般梁间的空隙用素土或低标号混凝土填实,或者在梁间架空铺设钢筋混凝土预制板。如图1-2-7(c)为板式筏形基础,板式筏形基础底板较厚,不如梁板式筏形基础经济。

2．箱形基础

为了使基础具有很高的刚度以承受上部极大的荷载,可将筏式基础发展为中空的箱形基础。箱形基础由钢筋混凝土底板、顶板和墙板组成。其内部空间可用作地下室。这类地基多用于高层建筑或需要有地下室的建筑。图1-2-7(d)为箱形基础。

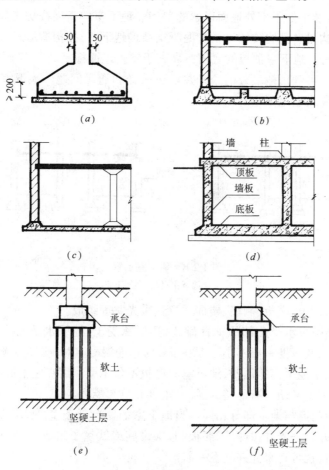

图 1-2-7　基础的形式(二)
(a)独立基础;(b)梁板式筏式基础;(c)板式筏式基础;
(d)箱形基础;(e)端承型桩;(f)摩擦型桩

四、桩基础

当建筑物荷载较大,地基的软弱土层厚度在5m以上,基础不能埋在软弱土层内,或对软弱土层进行人工处理存在困难或不经济时,常采用桩基础。

采用桩基础可节省基础材料,减少挖填土方工程量,减少不均匀沉降,改善工人的劳动条件,缩短工期,因此近年来桩基础采用量逐年增加。

按桩的受力性能,桩的种类有端承型桩[图1-2-7(e)]与摩擦型桩[图1-2-7(f)]。把建筑物的荷载通过桩端传给深处坚硬土层的称端承型桩,而通过桩侧表面与周围土的摩擦力传给地基的则称摩擦型桩。端承型桩适用于表层软土层不太厚,而下部为坚硬土层的地基情况。摩擦型桩适用于软土层较厚,而坚硬土层距地表很深的地基情况。

当前采用最多的是钢筋混凝土桩,包括预制桩和灌注桩两大类。灌注桩又分为沉管灌注桩、钻孔灌注桩和爆扩灌注板等几种。

第三节 地 下 室

地下室是建筑物中处于室外地面以下的房间。地下室的类型按功能分为普通地下室和防空地下室;按结构材料分为砖墙结构和混凝土结构地下室;按构造形式可分为全地下室和半地下室(图1-2-8)。地下室顶板的底面标高高于室外地面标高的称半地下室,这类地下室一部分在地面以上,可利用侧墙外的采光井解决采光和通风问题。地下室顶板的底面标高低于室外地坪时,称为全地下室。

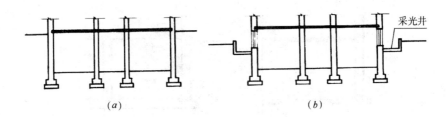

图 1-2-8 地下室示意

(a) 全地下室;(b) 半地下室

地下室一般由顶板、底板、侧墙、楼梯、门窗、采光井等组成。

地下室的外墙不仅承受上部的垂直荷载,还要承受土、地下水及土冻结时产生的侧压力。墙板为砖砌时,其厚度一般不小于490mm;为钢筋混凝土时,应经计算确定其厚度。

在地下水位高于地下室地面时,地下室的底板不仅承受作用在它上面的垂直荷载,还承受地下水的浮力,因此必须具有足够的强度、刚度和抗渗能力。

一般地下室的门窗与地上部分相同。当地下室的窗台低于室外地面时,为了保证采光和通风,应设采光井。采光井由侧墙、底板、遮雨设施或铁篦子组成,一般每个窗户设一个,当窗的距离很近时,也可将采光井连在一起。

地下室的楼梯,可与地面部分的楼梯结合设置。由于地下室的层高较小,故多设单跑楼梯。一个地下室至少应有两部楼梯通向地面。

地下室的墙板与底板都埋在地下,接近地下水,甚至有可能浸泡在地下水中,因此,防潮、防水问题便成了地下室设计中所要解决的一个重要问题。一般我们可根据地下室的标准、结构形式,特别是水文地质条件等来确定防潮、防水方案。图1-2-9为地下室底板高于地下水位时的防潮方案。图1-2-10为雨季后地下室底板有可能泡在地下水中的防潮防水方案。图1-2-11为地下室底板常年浸泡在地下水中时的防水方案。

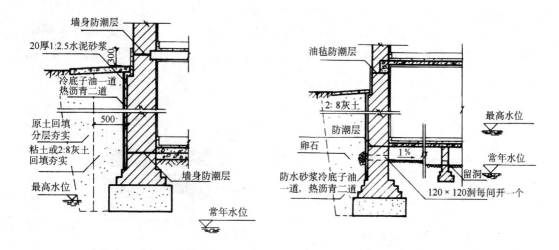

图 1-2-9　地下室防潮做法　　　　　　图 1-2-10　地下室防潮与排水相结合做法

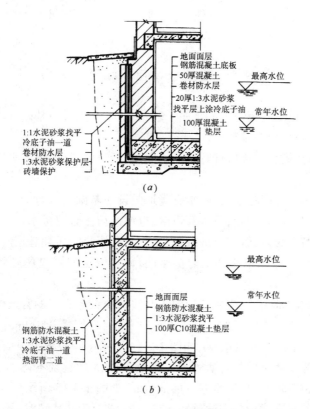

图 1-2-11　地下室防水做法

(a)地下室卷材防水做法;(b)地下室钢筋混凝土防水做法

当金属管道穿越地下室侧壁时,应尽量避免穿越防水层。穿越位置应尽可能高于最高地下水位。以确保防水层的防水效果。若必须穿越防水层时,一般有两种处理方式:

其一,是当结构变形或管道伸缩量较小时,穿墙管可采用主管直接埋入混凝土内的固定式。主管埋入前,应加止水环,环与主管应满焊或粘结密实,见图1-2-12。

其二,是当结构变形或管道伸缩量较大或有更换要求时,应采用套管式,即将主管与墙体脱开,套管埋入混凝土内,这时套管应加止水环,主管与套管间有挡圈与嵌填材料等,见图1-2-13。

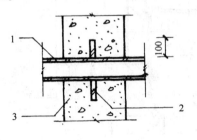

图1-2-12 固定式穿墙管
1—主管;2—止水环;3—围护结构

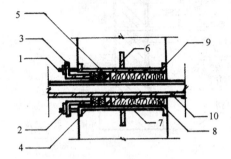

图1-2-13 套管式穿墙管
1—双头螺栓;2—螺母;3—压紧法兰;4—橡胶圈;5—挡圈;6—止水环;7—套管;8—嵌填材料;9—翼环;10—主管

第四节 管道敷设与基础施工关系

多层砖混建筑的施工过程与施工顺序一般是:挖土→垫层→基础→防潮层→回填土。

如有桩基础,则应另列桩基工程。

如有地下室,则在垫层完成后进行地下室底板、墙身施工、再做防水层,安装施工地下室顶板,最后回填土。

为使建筑物室内外管网相互接通,常有管道敷设在基础附近。

当基础附近有平行设置的上、下水管道时,应注意防止管道漏水。

当管道位于基槽下面时,管道最好拆除,以免基础沉降时压坏管道。如必须设在此位置时,应将基础局部落低,或采取必要的防护措施,即在管道四周包裹混凝土,管道改用铸铁管。

当管道穿越建筑物基础时,应在基础施工时按照图纸上标明的管道位置,预埋管道或预留孔洞。管径在75mm以下时可留300×300mm的洞口;管径≥100mm时留洞宽度应比管径大200mm,高度应比管径大300mm,如图1-2-14所示。一般管道顶面与基础预留洞的上口间的空隙应大于等于通过结构计算而预估的建筑物沉降量且不得小于150mm。当预留洞底面与基底之间距离较小时,可将基础局部落低,如图1-2-15所示。

电气管线一般不宜穿过设备和建筑物基础。若必须穿过基础时,导线需采用无缝钢管穿管保护,并照上述方法预留孔洞。电缆穿过基础时,除穿管敷设外,还可设置电缆沟。

房屋设备安装工程的施工可与土建有关的分部分项工程交叉施工,紧密配合。比如基础阶段,应先将相应的管沟埋设好,再进行回填土。若设备管线需穿越基础,则在基础砌筑时就应预留好孔洞或预埋管道。

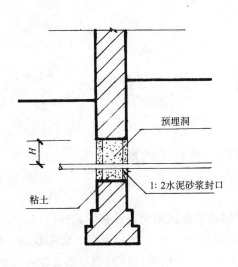

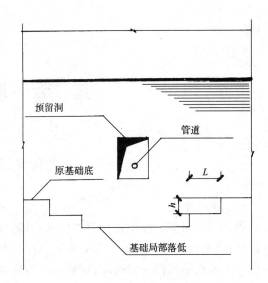

图 1-2-14　管道穿过基础

$H \geqslant$建筑物沉降量且$\geqslant 150$mm

图 1-2-15　基础局部落低

$h \leqslant 500$mm　$L \geqslant 2h$

第三章　墙　　体

第一节　墙的种类、作用与材料的选择

一、墙的种类

墙的种类很多。按位置分有外墙和内墙。外墙指房屋四周用以分隔室内外空间的围护构件；内墙是位于房屋内部用以分隔室内空间的隔离构件。按方向分墙有纵墙和横墙。纵墙指与房屋长轴方向一致的墙；横墙是与房屋短轴方向一致的墙。外横墙习惯上称为山墙，外纵墙又称为檐墙。按其受力情况分，墙有承重墙和非承重墙。承重墙指承受上部结构传来荷载的墙；非承重墙指不承受上部结构传来荷载的墙。比如框架结构中填充在框架梁柱间的墙（框架墙），属于非承重墙；房屋中的隔墙只承受自身重量，也属于非承重墙。

二、作用

民用建筑中的墙一般有三个作用。首先，它承受屋顶、楼盖等构件传下来的垂直荷载及风力和地震力，即起承重作用。第二，防止风、雪、雨的侵袭，保温、隔热、隔声、防火、保证房间内有良好的生活环境和工作条件，即起围护作用。第三，按照使用要求将建筑物分隔成或大或小的房间即起分隔作用。

并不是所有的墙都具有这三个作用，不同的墙具有不同的作用。比如承重外墙兼起承重和围护两种作用；承重内墙兼起承重和分隔两种作用；非承重外墙只起围护作用；非承重内墙只起分隔作用。

三、材料的选择

构成墙体的材料和制品有土、石块、砖、混凝土、各类砌块和大型板材等。应根据各地的具体情况来选择经济合理的墙体材料。

第二节　墙体的构造

一、砖墙的类型

砖墙按构造一般有实心砖墙、空斗墙、空心砖墙和复合墙等几种类型。实心砖墙由普通粘土砖或其他实心砖按照一定的方式组砌而成；空斗墙是由实心砖侧砌或平砌与侧砌结合砌成，墙体内部形成较大的空洞；空心砖墙是由空心砖砌筑的墙体；复合墙是指由砖和其他高效保温材料组合形成的墙体。

砖墙的组砌方式简称砌式，是指砖在砌体中的排列方式。为了砖墙坚固，砖的排列方式应遵循内外搭接，上下错缝的原则，错缝和搭接能够保证墙体不出现连续的垂直通缝，以提高墙的整体性强度和稳定性。实心砖墙常见的砌式有全顺式、一顺一丁式、三顺一丁式、两平一侧式与梅花丁式等；(图 1-3-1)空斗墙常见的砌式有有眠空斗(一斗一眠、二斗一眠)与

无眠空斗墙等(如图 1-3-2)。

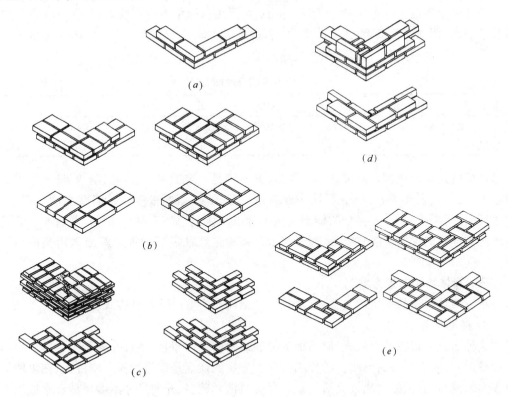

图 1-3-1 实心砖墙
(a) 全顺式;(b) 一顺一丁式;(c) 三顺一丁式;(d) 两平一侧式;(e) 梅花丁式

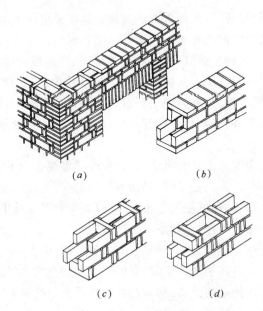

图 1-3-2 空斗墙
(a)、(b) 有眠空斗墙;(c)、(d) 无眠空斗墙

二、砖墙的厚度

普通粘土砖的尺寸是 $240\times115\times53$mm,当采用普通粘土砖砌墙时,砖墙的厚度可以以砖长来表示,例如 1/2 砖墙、3/4 砖墙、1 砖墙、1 砖半墙、2 砖墙等,其相应厚度见表 1-3-1。如果采用其他规格的砖,也可按此原则确定墙厚。

砖墙厚度的尺寸(mm) 表 1-3-1

墙厚名称	1/4 砖	1/2 砖	3/4 砖	1 砖	1½砖	2 砖	2½砖
标志尺寸	60	120	180	240	370	490	620
构造尺寸	53	115	178	240	365	490	615

砖墙的厚度既应满足砖墙的承载能力,又应满足一定的保温、隔热、隔声、防火要求。一般情况下,单从强度考虑,4~5 层民用建筑的承重砖墙,墙厚采用一砖墙就能满足要求,实践也证明,双面抹灰的一砖墙,均能满足国家标准规定的隔声和防火要求,也基本上能满足我国南方地区的保温和隔热要求,对于北方严寒地区往往需要增加墙厚或采用其他类型墙体。

三、墙体结构布置方案

在以墙体承重的民用建筑中,承重墙体的结构布置有以下几种方式:

1. 横墙承重

这种布置方式就是将楼板、屋面板等沿建筑物的纵向布置,搁置在横墙上,纵墙不承重,只起围护、分隔和增加纵向刚度的作用。这种方案的优点是建筑物横向刚度大,在纵墙上能开较大的窗口,立面处理比较灵活。缺点是材料消耗较多,开间尺寸不够灵活。常适用于开间尺寸不大且较整齐的建筑,如住宅、宿舍等,如图 1-3-3(a)所示。

2. 纵墙承重

这种布置方案就是将楼板、屋面板等荷载直接或间接地传给纵墙。横墙不承重,只起围护、分隔和增强建筑物横向刚度的作用。板的具体搁置有两种方式:一种是沿建筑物的横向布置,两端搁在纵墙上,另一种在纵墙间架设梁,将楼板、屋面板沿建筑物的纵向搁在梁上。纵墙承重的优点是开间大小划分灵活,楼板等构件规格较少,安装简便,墙体材料消耗也较少。缺点是建筑物横向刚度差,在外纵墙上开设门窗洞口时,其大小和位置受到限制。多适用于房间较大的建筑物,如办公楼、教学楼等建筑,如图 1-3-3(b)所示。

3. 纵横墙混合承重

在一栋房屋中,既有横墙承重又有纵墙承重,称纵横墙混合承重。它的优点是平面布置比较灵活,房屋刚度也较好。缺点是楼板、屋面板类型偏多,且因铺设方向不一,施工比较麻烦。这种方案适用于房间开间和进深尺寸较大、房间类型较多以及平面复杂的建筑,比如教学楼、托儿所、医院、点式住宅等建筑,如图 1-3-3(c)所示。

4. 墙和柱混合承重

当房屋内部采用柱、梁组成的内框架时,梁的一端搁置在墙上,另一端搁置在柱上,由墙和柱共同承受楼板、屋面板传来的荷载,称墙与柱混合承重。这种方案适用于室内需要大空间的建筑,如仓库、大商店、餐厅等建筑,如图 1-3-3(d)所示。

四、隔墙

(一)隔墙的作用与类型

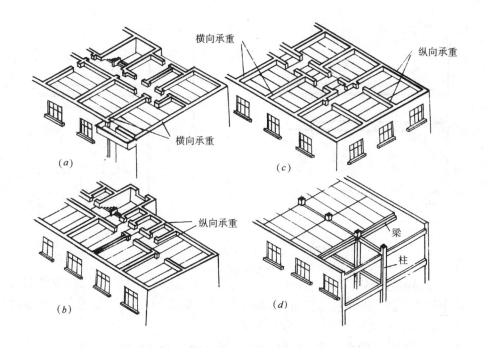

图 1-3-3 墙体的结构布置方案
(a)横墙承重;(b)纵墙承重;(c)纵横墙混合承重;(d)墙与柱混合承重

非承重的内墙叫隔墙。它的作用就是把房屋内部分割成若干房间或空间,它不承受任何外来荷载。设计时应尽可能满足轻、薄、隔声、防火、防潮和易于拆卸、安装等要求。

民用建筑中隔墙种类很多,按构造方式一般可分三大类:块材式、立筋式和板材式。

块材式隔墙指用普通砖、空心砖、加气混凝土砌块等块材砌筑的墙。

立筋式隔墙也称龙骨式隔墙。它是以木材、钢材、铝合金或其他材料构成骨架,把面层粘贴、镶嵌、钉、涂抹在骨架上形成隔墙。

板材式隔墙是采用工厂生产的制品板材,以砂浆或其它粘结材料固定形成的隔墙。

(二)常见隔墙的构造

1.普通粘土砖隔墙

普通粘土砖隔墙有半砖和1/4砖墙两种。

1/4砖隔墙是用砖侧砌而成,其厚度的标志尺寸为 60mm,常用 M10 砂浆砌筑。多用于没有门或面积较小的隔墙,如住宅中厨房、卫生间、厕所之间的隔墙。在高度方向每隔500mm用 $\phi6$ 钢筋通长,布置并伸入承重墙内。如图 1-3-4 所示。当隔墙设门时,门框应作成立边到顶并固定在天棚与地面之间,否则,应在门洞上放置 $2\phi6$ 钢筋,每端伸入墙内250mm。

半砖墙用 M5 砂浆砌筑,一般砌筑时,墙高不超过 4m,长度不超过 5m。如超出上述高度时应每隔 500mm 砌入 $\phi4$ 钢筋两根或每隔 1.2~1.5m 设一道 30~50mm 厚的水泥砂浆层,内放两根 $\phi6$ 钢筋。顶部与楼板相接处,常用立砖斜砌,使墙与楼板挤紧。图 1-3-4 为砖隔墙与承重墙的拉结。

2.砌块隔墙

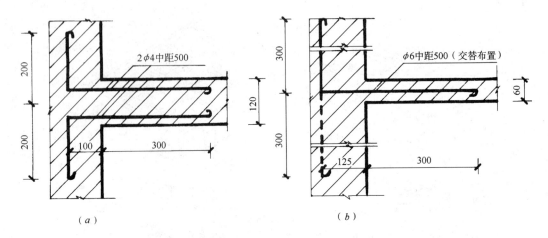

图 1-3-4　砖墙与承重墙的拉结

(a) 1/2 砖墙；(b) 1/4 砖墙

　　为了减轻隔墙的重量,可采用各种空心砖、加气混凝土块,粉煤灰硅酸盐块等砌筑隔墙。目前最常用的炉渣空心砖具有体轻、孔隙率大、隔热性能好,节省粘土等优点。但吸水率强,因此隔墙下面的2～3皮砖应用普通粘土砖砌筑。

　　为了增加空心砖墙的稳定性,沿高度方向每隔1米左右加设钢筋混凝土带一道,与砖墙连接处每隔500mm左右用 φ6 钢筋拉固,在顶部与楼板相接处用立砖斜砌使墙和楼板挤紧。如图1-3-5所示。

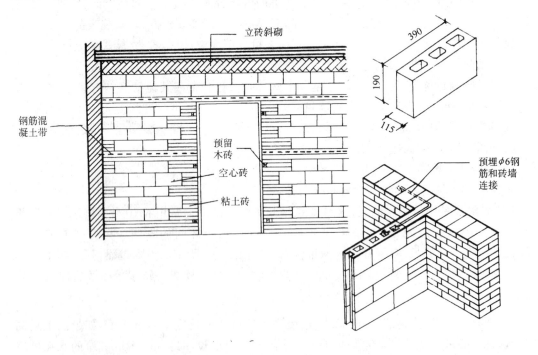

图 1-3-5　空心砖隔墙

3.石膏板隔墙

　　用于隔墙的石膏板有纸面石膏板、防水纸面石膏板、纤维石膏板、石膏空心板条等。石膏板长度有 2400、2500、2600、2700 、3000、3300mm,宽度有 900、1200mm,厚度有 9、12、15、18、25mm。

石膏板隔墙的安装方法:是先装墙面龙骨,再将石膏板用钉固定(或用自攻螺丝固定、压条固定、粘贴固定)在龙骨上。如图 1-3-6 所示。

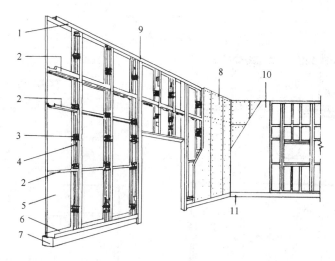

图 1-3-6　隔墙轻钢龙骨安装示意图

1—沿顶龙骨;2—横撑龙骨;3—支撑长;4—贯通孔;5—石膏板;6—沿地龙
骨;7—混凝土踢脚座;8—石膏板;9—加强龙骨;10—塑料壁纸;11—踢脚板

石膏板之间的接缝有明缝和暗缝两种。暗缝做法首先要求石膏板有倒角,在两块石膏板拼缝处用羧早基纤维素等调配的石膏腻子嵌平,然后贴上 50mm 宽的穿孔纸带,再用上述石膏腻子与墙面刮平,如图 1-3-7(a)所示。明缝做法是用专门工具和砂浆胶合剂勾成立缝,如图 1-3-7(b)所示。常用于公共建筑等大房间。

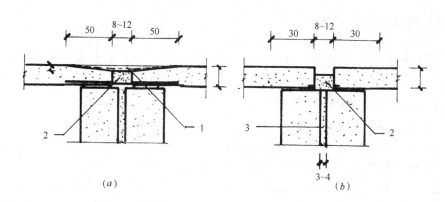

(a)　　　　　　　　　　　　　　　　(b)

图 1-3-7　石膏板接缝做法

(a)暗缝;(b)明缝

1—穿孔纸带;2—接缝腻子;3—107 胶水泥砂浆

4.胶合板隔墙

这类隔墙由上下槛、立筋与横筋组成骨架,胶合板镶钉在骨架上。骨架可采用木材或金属。胶合板也可以用纤维板、石膏板等轻质人造板代替,即成了纤维板隔墙与石膏板隔墙。板与骨架的构造连系有两种:一种是钉在骨架两面(或一面),用压条盖住板缝,若不用压条盖缝也可做成三角缝。另一种是将板材镶到骨架中间,板材四周用压条固定,如图1-3-8所示。

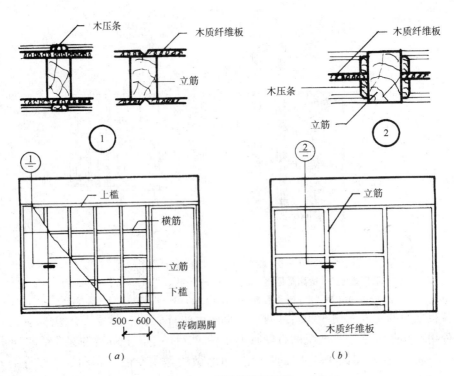

图1-3-8 木质纤维板隔墙
(a)贴板法;(b)镶板法

5. 加气混凝土板材隔墙

加气混凝土板由水泥、石灰、砂、矿渣、粉煤灰等,加发气剂铝粉,经过原料处理配料浇铸、切割、蒸压养护等工序制成。其密度为 $500kg/m^3$,抗压强度 $30\sim50MPa$。加气混凝土板厚为 $125\sim250mm$,宽度为 $600mm$,长度 $2700\sim6000mm$,一般使板的长度等于房间净高(如图1-3-9)。板材用粘结剂固定,粘结剂

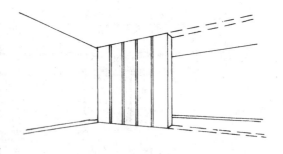

图1-3-9 加气混凝土板隔墙示意图

有水玻璃磨细矿渣粘结砂浆、107胶聚合水泥砂浆。板缝用腻子修平,墙板上可裱糊壁纸或涂刷涂料。

隔墙的做法很多,像板条抹灰隔墙、钢板网抹灰隔墙等都是比较传统的做法,但由于现场湿作业较多,不便任意拆装,故目前较少采用。

五、过梁与圈梁

(一)过梁

门窗洞口上方的横梁称门窗过梁。过梁的作用是支承门窗洞口上方的砌体自重和梁、板传来的荷载,并把这些荷载传给洞口两侧的墙上去。

过梁的种类很多,选用时依洞口跨度和洞口上方荷载不同而异,目前常用的有砖过梁、钢筋砖过梁、钢筋混凝土过梁等几种。

1. 砖过梁

砖砌过梁是我国传统的做法,常见的有平拱砖过梁和弧拱砖过梁两种(如图 1-3-10)。

图 1-3-10 砖过梁

(a)砖砌平拱;(b)砖砌弧拱

平拱砖过梁是用砖侧砌而成。立面呈梯形,高度不小于一砖,砖数为单数,对称于中心向两边倾斜。灰缝上宽下窄呈楔形,但最宽不得大于 20mm,最窄不小于 5mm。平拱的底面,中心要较两端提高跨度的 1/100,称起拱。起拱的目的是拱受力下沉后使底面平齐。平拱砖过梁适用于洞口跨度不超过 1.5m。

弧拱砖过梁,立面呈弧形或半圆形,高度不小于一砖,跨度可达 2~3m。

砖过梁虽节省钢材和水泥,但施工麻烦,尤其不宜用于上部有集中荷载、振动荷载较大、地基承载力不均匀的建筑和地震区。

2. 钢筋砖过梁

钢筋砖过梁是用砖平砌,并在灰缝中加适量钢筋的过梁。如图 1-3-11 所示。

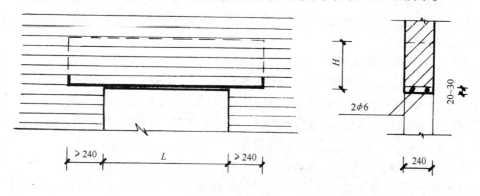

图 1-3-11 钢筋砖过梁

具体做法是:在过梁高度内,用不低于 MU7.5 的砖和不低于 M2.5 的砂浆砌筑,在过梁下铺 20~30mm 厚砂浆层,砂浆内按每半砖墙厚设 1φ6 钢筋,两端伸入两侧墙身各 240mm,再向上弯 60mm。过梁的高度应经计算确定,一般不少于 4~6 皮砖,同时不小于洞口跨度的 1/5。

钢筋砖过梁施工简便,由于梁内配置的钢筋能承受一定的弯距,因此过梁的跨度可达2m。

3. 钢筋混凝土过梁

当门窗洞口跨度较大,或上部荷载较大,或有较大振动荷载,或可能产生不均匀沉降的房屋,应采用钢筋混凝土过梁。钢筋混凝土过梁可现浇,也可预制。为加快施工进度,减少现场湿作业,宜优先采用预制钢筋混凝土过梁,如图 1-3-12 所示。

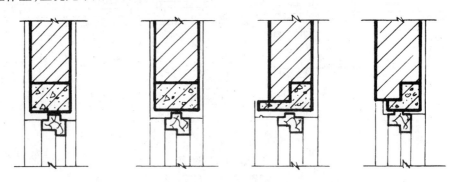

图 1-3-12　钢筋混凝土过梁

过梁的断面和配筋根据荷载的大小由计算确定。通常过梁的宽度与砖墙的厚度相适应,过梁的高度与砖皮数尺寸相配合,过梁长度为洞口宽度加 500mm,也就是两端各伸入侧墙 250mm。钢筋混凝土过梁的截面形状有矩形和 L 形两种。矩形多用于内墙和混水墙,L 形的多用于外墙。

如门窗洞口过宽,过梁的尺寸就要增大,为了便于搬运和安装方便,对尺寸过大的预制梁,可以做成两根断面较小的预制过梁,在现场拼装使用。

(二) 圈梁

圈梁是沿房屋外墙四周及部分内墙在墙内设置的连续封闭的梁。它的作用是加强房屋的空间刚度和整体性,防止由于地基不均匀沉降、振动荷载等引起的墙体开裂,提高建筑物的抗震能力。

圈梁的数量由房屋的高度、层数、墙体的厚度以及地基情况、地震烈度等因素确定。在非地震区对于单层建筑,当墙厚为一砖时,檐口高度若为 5～8m 时,则设一道圈梁;檐口高度若大于 8m 时,应再增设一道圈梁。对于多层建筑,当墙厚为一砖,层数为 3～4 层时,设一道圈梁;当层数超过 4 层时,可适当增设。当地基较软弱或比较复杂时,可在基础顶面增设一道。在地震设防地区砖房中圈梁的设置应满足抗震设计规范的规定要求。

圈梁的位置与数量有关。当只设一道圈梁时,可设在屋盖处;圈梁数量较多时,除顶层设一道圈梁外,还可分别在基础顶部、楼层或门窗过梁处设置圈梁。门窗洞口上方设置圈梁时可不再设过梁,只是此部分圈梁必须满足过梁的要求,梁内配筋必须按计算设置。

圈梁在同一水平面上连续封闭设置。当圈梁被门窗洞口截断时,应进行圈梁补强,一般可在洞口上部增设相应截面的附加圈梁。附加圈梁与圈梁的搭接长度不应小于其垂直间距的两倍,且不得小于 1.0m,如图 1-3-13。

圈梁有钢筋混凝土圈梁与钢筋砖圈梁两类。钢筋混凝土圈梁有现浇和预制两种做法,

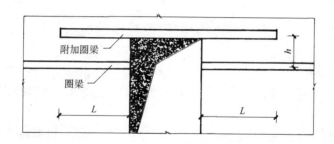

图 1-3-13　圈梁的搭接补强

$L \geqslant 2h$ 且 $L \geqslant 1.0$ 米

目前大部分采用现浇。圈梁的高度不应小于 120mm,宽度常与墙厚相同,当墙厚大于一砖时,梁宽可适当小于墙的厚度,但不宜小于墙厚的 2/3。圈梁混凝土常用 C15,圈梁内按配筋构造,一般纵向钢筋不宜少于 $4\phi8$,箍筋间距不大于 300mm。在地震设防地区,钢筋混凝土圈梁配筋应符合表 1-3-2 的要求。

圈 梁 配 筋 要 求　　　　　　　　　　　　表 1-3-2

配　　筋	烈　　度		
	6.7	8	9
最小纵筋	$4\phi8$	$4\phi10$	$4\phi12$
最大箍筋间距(mm)	250	200	150

钢筋砖圈梁应采用不低于 M5 的砂浆砌筑,圈梁的高度为 4～6 皮砖,纵向设置构造筋,数量不宜少于 $4\phi6$,分上下两层布置在灰缝内,水平间距不宜大于 120mm,如图 1-3-14。

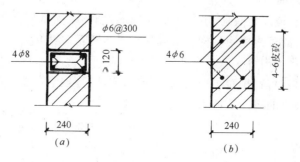

图 1-3-14　圈梁

(a) 钢筋混圈梁;(b) 钢筋砖圈梁

六、墙面装修

墙体结构部分守成后,表面不再进行装修的墙称清水墙;进行装修的墙称混水墙。墙面装修有五种类型:一、抹灰类(在墙表面抹砂浆);二、贴面类(在墙面铺贴天然或人工块材);三、涂刷类(在墙面涂刷涂料);四、镶钉类(在墙面附着金属或木材立筋后,再镶钉天然或人造纤维质板材);五、裱糊类(在墙面粘贴裱糊墙纸或墙布,其中后两类只适用于内墙面装修)。墙面装修一般在墙上的管道敷设后进行。

第三节 管道敷设与墙的关系

一、管道沿墙设置

当上下垂直管道穿过楼地层,在房间内沿墙设置时,通常有两种安装方式,一种称明装,另一种称暗装。

明装指各种管道暴露在外,这种方式构造简单,管道安装与检修较方便,但有碍室内美观,对室内装璜有较高要求的房屋不宜采用。

暗装有两种施工方法,一是专门砌筑管道井,并设置检修门(图 1-3-15),供日后检修用;二是在墙上开管槽,将管道安装后再抹灰盖住。墙上开槽会影响墙体的强度,因此在承重墙上开槽的深度和方向有一定要求,如在一砖厚的砖墙上不宜开凿水平或斜向的管槽,如图 1-3-16(a)所示为垂直管槽;在一砖厚以上的砖墙上,只要结构许可,可开任何方向的管槽,如图 1-3-16(b)所示。在墙上开槽的方式,适用于管线直径较小,或者管线不集中,分布较散的情况。

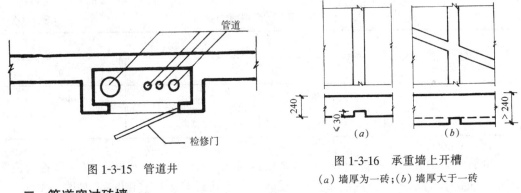

图 1-3-15 管道井

图 1-3-16 承重墙上开槽
(a)墙厚为一砖;(b)墙厚大于一砖

二、管道穿过砖墙

不管是给排水管道还是暖通、电气管道穿墙而过时,必须做好保护措施,否则将使管道产生变形,影响管道的正常使用。构造上有固定式与套管式等方法,具体参考等二章中管道穿越地下室侧壁这部分内容。

当穿墙管线较多时,宜相对集中,采用穿墙套方法,穿墙套的封口钢板应与墙上的预埋角钢焊牢,并从钢板上的浇注孔注入柔性密封材料。

第四章 楼 地 面

第一节 地 面

一、地面的组成

地面是指建筑物底层的地坪。底层地坪的做法有空铺地坪与实铺地坪两种。空铺地坪的做法与楼板层相同。实铺地坪的基本组成有面层、垫层和基层三部分。有些有特殊要求的地面,仅有基本层次不能满足使用要求时,可增设相应的构造层次,如结合层、找平层、防水层、防潮层、保温(隔热)层、隔声层等等。

1. 面层

面层是人们日常生活工作、活动时直接接触的表面层,它要直接经受摩擦、洗刷和承受各种物理、化学作用。依照不同的使用要求,面层应具有耐磨、不起尘、平整、防水、有弹性、吸热少等性能。地面的名称常以面层材料的名称命名。如水泥砂浆地面、水磨石地面,它们的面层材料分别是水泥砂浆和水磨石。

2. 垫层

垫层位于基层之上,面层之下,它承受由面层传来的荷载,并将荷载均匀地传至基层。按照受力后的变形情况,垫层又可分为刚性和非刚性两种。

刚性垫层有足够的整体刚度,受力后不产生塑性变形,如混凝土、三合土等。混凝土的厚度不应小于60mm;三合土的厚度一般不小于100mm。

非刚性垫层由松散的材料组成,无整体刚度,受力后产生塑性变形,如砂、碎石、炉渣等。炉渣的最小厚度为60mm;矿渣、碎石的最小厚度为80mm,灰土的最小厚度为100mm。

3. 基层

垫层下面的土层就是基层。它应具有一定的耐压力。对较好的土层,施工前将土层压实即可。较差的土层需压入碎石、卵石或碎砖,形成加强层。对淤泥、淤泥质土及杂填土、冲填土等软弱土层,必须按照设计更换或加固。

二、地面种类

按面层所用的材料和施工方法,地面可分为整体面层地面和块状面层地面两大类。

整体地面的面层是一个整体。它包括水泥砂浆地面、混凝土地面、水磨石地面、菱苦土地面等。如图1-4-1所示。

块料地面的面层不是一个整体,它是借助结合层将面层块料粘贴或铺砌在结构层上。常用的结合层有砂、水泥砂浆、沥青等。块料种类较多,常见的有陶瓷锦砖(马赛克)、预制水磨石板、缸砖、磨光的大理石或花岗岩板、塑料板与木板等。如图1-4-2所示。

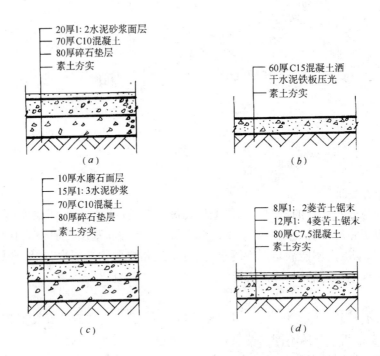

图 1-4-1 常见整体面层地面

(a) 水泥砂浆地面;(b) 混凝土地面;(c) 水磨石地面;(d) 菱苦土地面

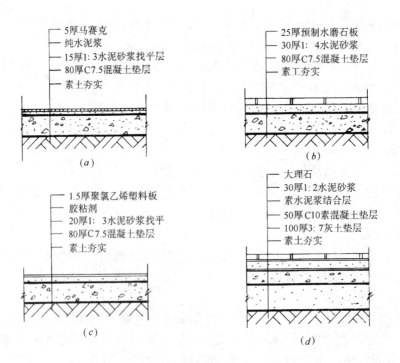

图 1-4-2 常见块状面层地面(一)

(a) 马赛克地面;(b) 预制水磨石地面;(c) 塑料地面;(d) 大理石地面

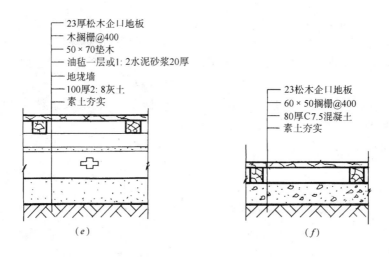

图 1-4-2　常见块状面层地面(二)

(e) 空铺木地面；(f) 实铺木地面

第二节　楼面(楼板层)

楼板层将房屋沿垂直方向分隔为若干层，并把人和家具等荷载及楼板自重通过墙体或梁柱等构件传给基础。因此楼板应具有足够的强度、刚度和一定的隔声能力。

楼板层由面层、结构层和顶棚三部分组成。楼板按其使用的材料不同，有木楼板、砖拱楼板、钢筋混凝土楼板和钢楼板等。其中钢筋混凝土楼板是目前最为广泛采用的一种。

钢筋混凝土楼板按施工方法可分为现浇(即整体式)和预制(即装配式)两种。

一、现浇钢筋混凝土楼板

现浇钢筋混凝土楼板指在施工现场架设模板、绑扎钢筋和浇灌混凝土，经养护达到一定强度后拆除模板而成的楼板。这种楼板整体性、耐久性、抗震性好，刚度也大，但施工工序多，工期长，而且受气候条件影响较大。

现浇钢筋混凝土楼板按其结构布置方式可分为现浇平板、肋形楼板和无梁楼板三种。

1．现浇平板

当承重墙的间距不大时，如走廊、厨房、厕所等，钢筋混凝土楼板的两端直接支承在墙体上不设梁和柱，即成钢筋混凝土现浇平板式楼板，板的跨度一般为 2～3m，板厚约 80mm 左右。

2．梁板式楼板

当房间的跨度较大，楼板承受的弯距也较大时，如仍采用平板式楼板必然要加大板的厚度和增加板内所配置的钢筋。在这种情况下，可以采用梁板式楼板。

梁板式楼板一般由板、次梁、主梁组成。板支承在次梁上，次梁支承在主梁上，主梁支承在墙或柱上，次梁的间距即为板的跨度，因此在楼板下增设梁，是为减小板的跨度，从而也减小了板的厚度，如图 1-4-3(a)所示。

主梁应沿房间的短跨方向布置，其常用的经济跨度为 5～8m，梁高为跨度的 1/14～1/8；次梁应与主梁垂直，其经济跨度为 4～6m，梁高为跨度的 1/18～1/12；梁宽一般为梁高

的 $1/3\sim1/2$。板的跨度一般在 3m 以内,以 $1.7\sim2.5$m 较为经济,板厚一般为 $60\sim80$mm。

如板底四周有支承,当板的长边与短边长度之比大于 2 时,称单向板。此时板基本是沿单向传递荷载。当板的两个边长之比等于或小于 2 时,板沿两个方向传递荷载,所以称双向板。

当房间的形状近似方形,跨度在 10m 左右时,常沿两个方向交叉布置梁,使梁的截面等高,形成的结构形式称井式楼板。如图 1-4-3(b)所示。

3.无梁楼板

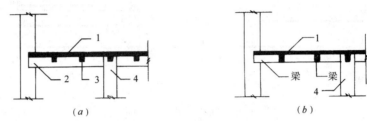

图 1-4-3 钢筋混凝土梁板式楼板

(a)肋形楼板;(b)井式楼板

1—板;2—主梁;3—次梁;4—柱

无梁楼板是将板直接支承在墙或柱上,不设梁的楼板。为减小板在柱顶处的剪力,常在柱顶加柱帽和托板等形式增大柱的支承面积。一般柱距 6m 左右较经济,板厚不小于 120mm。无梁楼板多适用于楼面活荷载较大(5kN/m^2 以上)的商店、仓库、展览馆等建筑中,如图 1-4-4 所示。

图 1-4-4 无梁楼板

1—板;2—托板;3—柱帽;4—柱

二、预制装配式钢筋混凝土楼板

预制装配式钢筋混凝土楼板是将楼板分成梁、板等若干构件,在预制厂或施工现场预先制作好,然后进行安装。这种楼板可以节省模板,改善制作的劳动条件,减少施工现场湿作业,并加快施工进度;但整体性较差,并需要一定的起重安装设备。

预制装配式钢筋混凝土楼板常见的类型有:实心平板、槽形板、空心板等。

1.实心平板

实心平板的跨度一般在 2.5m 以内,直接支承在墙或梁上,板的厚度应为跨度的($1/10\sim$ $1/25$),一般为 $50\sim100$mm,板底配有双向钢筋网,见图 1-4-5 所示。常用于房屋的走廊、厨房、厕所等处。

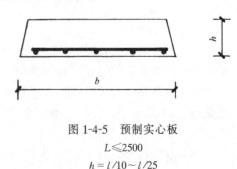

图 1-4-5 预制实心板

$L\leqslant2500$

$h=l/10\sim l/25$

实心平板制作简单,吊装、安装方便,造价低,但隔声效果较差。

2．槽形板

槽形板可以看成一个梁板合一的构件,板的纵肋即相当于小梁。作用在槽形板上的荷载,由面板传给纵肋,再由纵肋传到板两端的墙或梁上,因此面板可做得较薄(常为 25～35mm)。为了增加槽形板的刚度,在板的两端以端肋封闭,并根据需要在两纵肋之间增加横肋。如图1-4-6所示。

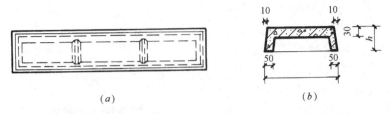

图1-4-6　槽形板
(a)平面图;(b)剖面图

依板的槽口向下和向上,分别称为正槽形板和反槽形板。正槽形板受力合理,板底为肋不平齐,常可在板下做吊顶棚。反槽形板受力不合理,但板底平整,槽内又可填充轻质材料可满足隔声、保温等要求。

槽形板的纵肋是主要的受力部分。在敷设管道时要特别注意,不能穿伤肋部,可以在水平的板壁部分打洞。

3．空心板

两端简支的钢筋混凝土实心板,其断面上部主要靠混凝土承担压力,下部靠钢筋承受拉力,中间部分内力很小,为节省材料,使中间部分形成空洞,同样能达到一定强度,这就形成了空心板。

空心板上下两面为平整面,孔洞可为方形、圆形、椭圆形等,圆形的成孔方便,故采用较多。

板中由于有了圆孔,不但减少了材料的用量,还提高了板的隔音效果和保温隔热能力。

空心板的跨度一般为 2.4～6m。当板跨≤4200mm 时,板厚为 120mm,当板跨在 4200～6000mm时,板厚为 180mm,板厚为 120mm 的板其圆孔直径为 83mm,板厚为 180mm 的板其圆孔直径为 140mm。板宽为 400～1200mm,应用时可直接采用各省市标准图集。

预制空心板单向传递荷载,图1-4-7为常用的五孔板的详图。板的两端支承在墙或梁上,长边不能有支点。如图1-4-8所示为空心板与承重墙及非承重墙的关系。

空心板安装时先洒水湿润基层,然后边抹砂浆(20mm 厚 M5 砂浆)边安装就位,这样可

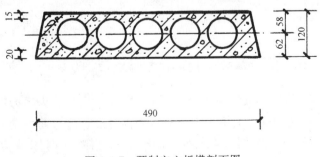

图1-4-7　预制空心板横剖面图

使板安放平稳牢固,均匀传递荷载。也可以在墙或梁的上表面先用水泥砂浆抹平,等砂浆硬结后再铺板。为了避免支座处板端压碎,阻止水沿孔洞漫流,增加楼板隔声隔热能力,防止以后的灌缝材料流入孔内,一般多在空心板安装前,孔的两端应用碎砖或混凝土预制块作封头处理,填实长度为120mm。

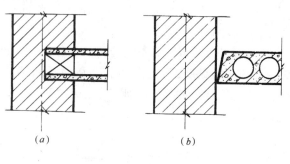

图 1-4-8 空心楼板
(a) 承重墙;(b) 非承重墙

空心板在墙上的支承长度应不小于110mm,在梁上的支承长度不小于90m。为了增强房屋的整体刚度和抗震能力,板的四周缝隙常用 C20 细石混凝土灌注,并根据各地区的抗震要求,可以在板缝内配筋或局部加钢筋网。

三、钢筋混凝土梁的类型

布置预制板,首先应根据房间和进深尺寸,确定由纵墙承重还是由横墙承重,或者纵墙和横墙都承重。对于一些开间和进深都比较大的房间,板搁置在墙上,板跨较大,弯距也将增大。这时要使板保持一定的刚度,就要将板加厚。板的面积大,厚度增加要耗费大量材料,这是不经济的,因此需增加梁作为板的支承。当梁的跨度过大,不符合适用经济要求时,可以再加主梁和柱。

梁的截面形状通常为矩形、T 形、十字形、花篮形等。其中矩形截面梁制作方便,T 形截面梁受力合理。预制板搁置在梁的顶面上,此时梁和板的高度增加,占用空间较多,使室内净空降低。当梁的截面形状为花篮形、十字形时,可以把板搁置在梁肩上或梁侧翼缘上,此时板的顶面与梁的顶面平齐,梁的高度即为结构高度,当层高不变时,与矩形截面及 T 形截面的梁相比,可使室内净空增加。在进行楼盖设计时,应根据具体情况和使用要求选择合理的截面形状。见图 1-4-9。

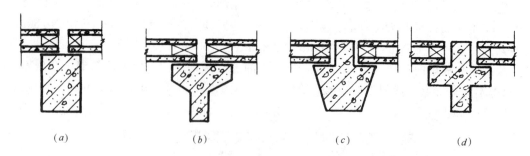

图 1-4-9 预制板在梁上搁置
(a) 矩形梁;(b) T 形梁;(c) 花篮梁;(d) 十字形梁

配置在钢筋混凝土结构混凝土结构中的钢筋,按其作用可分为受力钢筋、箍筋、架立钢筋、分布钢筋和其它构造钢筋。其中受力钢筋承受拉、压应力;箍筋承受剪力或扭力。如图 1-4-10 为一简支梁的断面配筋图。当梁需打洞时,一定得避开钢筋,尤其是梁中的受力钢筋;也不能在梁受压区打洞。一般情况下梁不允许打洞。

楼板层结构部分完成后,为了满足使用要求,上表面要与地面一样设置面层。

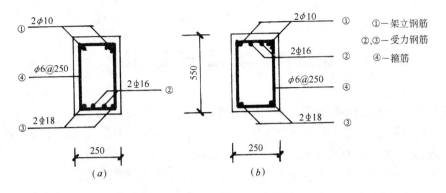

图 1-4-10 梁断面配筋图
(a)梁跨中断面;(b)梁端中断面

第三节 管道敷设与楼地层的关系

一、垂直管道穿过钢筋混凝土楼板

采暖和给排水管道都要穿过房屋的楼板。当楼板为现浇板时,应根据设计位置预留孔洞,孔洞尺寸一般比管道直径大一倍左右。安装管道时,一般并不把管道和楼板浇筑在一起,为了将来检修方便,管道外要加设钢套管。套管要高出地面 10~20mm,下端可与楼板底相平。

当楼板为预制空心板时,只许在板孔部分开洞,不得穿伤孔洞的板肋,最好在管道穿过处做局部现浇板。

二、水平管道与楼板的关系

管道水平布置在板面上时,可在楼板结构层上加设垫层,管道埋设在垫层内。当管道水平布置在楼板底面下时,应贴近板底或梁底,以节省空间,增加室内净空高度。有吊顶棚的房间,可将管道架设在顶棚与楼板层之间。管道尽量不要穿梁而过,一定需要穿梁时,管径不能过大,并且穿梁的位置以靠近梁断面的中和轴为宜 ,即避开梁内钢筋和受压区混凝土。

第五章 屋顶与顶棚

屋顶是房屋最上层起承重、覆盖作用的构件,它应具有良好的防水性能和一定的保温、隔热性能。屋顶除了承受自身重量外,它还要承受雨雪、风沙等的荷载及施工或屋顶检修人员的活荷载,并且通过墙和柱子把这些荷载传递到基础上去,因此屋顶还应具有足够的强度和刚度。另外,屋顶又是建筑形象的重要组成部分,设计时还要考虑其美观的要求。

屋顶按材料、结构的不同有各种类型,其建筑的外形更是多种多样(图1-5-1)。其中,建筑中常采用的屋顶形式主要有平屋顶和坡屋顶。

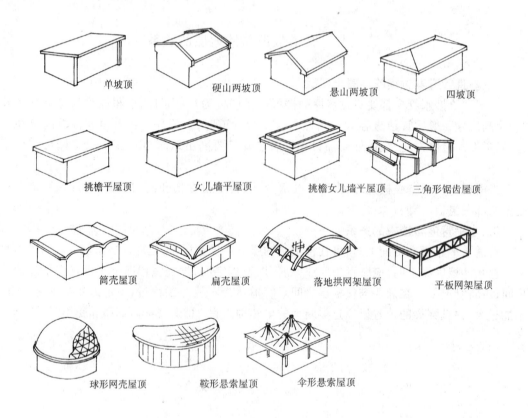

图 1-5-1 屋顶形式

第一节 平 屋 顶

平屋顶的屋面仅设有利于排水所必需的较小的坡度,其最小坡度不宜小于 2%,一般在 3%～5%。

一、平屋顶的构造层次及施工

平屋顶的主要构造层次有面层、结构层(承重层)和顶棚层。面层起着屋面防水及排水的作用。另外，由于各个地区自然气候条件的特点、使用要求和构造的需要，再设置保护层、隔热层、保温层、隔汽层、找平层、结合层等。结构层是平屋顶的承重结构，它的作用是承受屋顶自重及屋顶上部的各种荷载，并把荷载传递至墙或柱上，其布置和构造与楼板相同(图1-5-2)。

(一)防水层的构造做法及施工

设置防水层是平屋顶防水的主要措施。防水层按采用的防水材料不同，可以分为卷材防水屋面、涂膜防水屋面和刚性防水屋面。

1.卷材防水屋面

卷材防水屋面是用胶粘剂粘贴卷材进行防水。这种屋面卷材本身具有一定的韧性，可以适应一定程度的涨缩和变形，不易开裂，所以又称为柔性防水屋面。卷材的种类主要有沥青防水卷材、高聚物改性沥青系防水卷材和合成高分子防水卷材等。

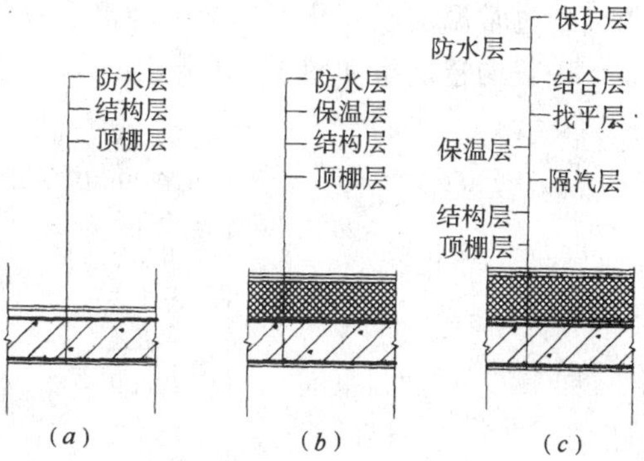

卷材防水屋面一般构造层次如图1-5-3所示。

图1-5-2　平屋顶构造层次

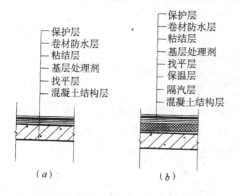

图1-5-3　卷材防水屋面构造层次示意图
(a)不保温卷材防水屋面；(b)保温卷材防水屋面

找平层为结构层(或保温层)与防水层的中间过渡层，可使卷材铺贴平整，粘结牢固，并具有一定的强度，以便更好地承受上面荷载。找平层可以用水泥砂浆、细石混凝土或沥青砂浆等，厚度一般在15mm～35mm。找平层宜设置分格缝，缝宽20mm，并嵌填密实材料。为使底层和防水层结合牢固，在找平层上还应涂一层基层处理剂，处理剂应选用与卷材材性相容的材料。

卷材防水层的层数应根据当地气候条件、建筑物的类型及防水要求、屋面坡度等因素来确定，一般在2～5层。粘结剂的层数总比卷材数多一层。

卷材防水层在施工时应将基层清扫干净，待找平层完全干燥后，涂刷基层处理剂，然后用粘结剂粘结防水卷材。当屋面坡度小于3%时，卷材平行于屋脊自下而上铺设；坡度在3%～15%之间时，可平行或垂直于屋脊铺设；坡度大于15%或屋面受振动时，沥青防水卷材应垂直于屋脊铺设。高聚物改性沥青防水卷材和合成高分子防水卷材可平行或垂直屋脊铺贴。卷材屋面的坡度不宜超过25%，否则应采取防止卷材下滑的措施，上下卷材不得相互垂直铺贴，接缝均应错开，各层卷材搭接宽度应根据屋面坡度、主导风向、卷材的特性决定。在屋面卷材的铺贴前，应先做好节点、附加层和屋面排水比较集中的部位(屋面与水落口连接处、檐口、天沟、屋面转角处、板端缝等)的处理，然后再进行大面积的铺设。

屋面卷材防水层在冷热交替作用下,会伸张或收缩;同时在阳光、空气、水分、冰雪、灰尘等长期作用下,易老化。为减少阳光辐射的影响,防止暴雨和冰雪的侵蚀,延缓卷材防水层的老化速度,提高使用寿命,须在防水层上做保护层。保护层可采用浅色涂料涂刷,或粘贴铝箔等,也可采用铺设 30mm 厚细石混凝土、绿豆砂、云母等。

2. 涂膜防水屋面

涂膜防水屋面是通过涂布一定厚度、无定形液态改性沥青或高分子合成材料(即防水涂料),经过常温交联固化而形成一种具有胶状弹性涂膜层,达到防水目的。

一般构造层次如图 1-5-4 所示。

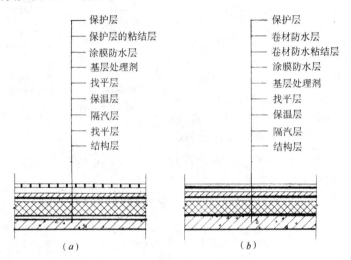

图 1-5-4　涂膜防水屋面构造示意图
(a)涂膜防水屋面构造;(b)涂膜与卷材复合防水屋面构造

涂膜防水屋面的基本构造做法与卷材屋面相同,只是其防水层为防水涂料,它既是防水层又是胶粘剂,施工时只需在基层处理完后,用涂料涂膜,一般应有两层以上的涂层,后一层待先涂的涂层干燥成膜后才可涂布,总厚度应符合规范。

3. 刚性防水屋面

刚性防水屋面是指用细石混凝土、块体材料或补偿收缩混凝土等材料做防水层,主要依靠混凝土自身的密实性,并采取一定的构造措施以达到防水目的。

由于刚性防水屋面面层所采用材料的特性,防水层伸缩的弹性小,对地基不均匀沉降、构件的微小变形、房屋的振动、温度高底变化等都比较敏感;又直接与大气接触,表面容易风化,如设计不合理,施工质量不高都极易引起漏水、渗水等现象,故对设计及施工的要求比较高。

刚性防水屋面的一般构造层次如图 1-5-5 所示。

刚性防水层一般采用 40mm 厚 C20 细石混凝土,内配 $\phi 4 \sim \phi 6$ 间距为 $100 \sim 200mm$ 的双向钢筋网片,钢筋网片在分格缝处应断开,其保护层厚度不应小于 10mm。

刚性防水屋面在结构层与防水层之间需增加一层隔离层,起隔离作用,使结构层和防水层的变形互相不受制约,以减少防水层产生拉应力而导致刚性防水层开裂。

刚性防水层通常厚度只有 40mm 厚,如再埋设管线或凿眼打洞,将严重削弱或损伤防水层断面,而且沿管线位置的混凝土易出现裂缝导致屋面渗漏,因此不允许在刚性防水层中埋

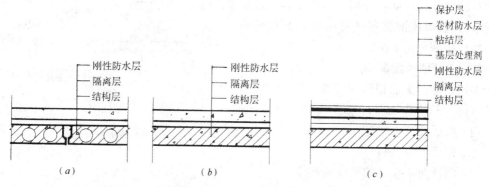

图 1-5-5 刚性防水屋面构造示意图

(a)装配式屋面刚性防水;(b)现浇整体式屋面刚性防水;(c)刚性与卷材复合防水

设管线。

(二)保温与隔热层的构造做法及施工

在寒冷地区,屋面一般都设置保温层,以在冬季阻止室内热量通过屋顶向外散失。而在我国南方地区,夏季时平屋顶因受太阳辐射而吸收大量的辐射热,致使热量通过屋顶传递至室内使室内温度升高,而需对屋顶做隔热处理。

平屋顶的保温措施,主要是设置保温层,即在结构层上铺一定厚度的保温材料。常用的保温材料有:膨胀珍珠岩、膨胀蛭石、泡沫塑料类、微孔混凝土和炉渣等。设计时应根据建筑物的使用要求、屋面的结构形式、材料来源等选用保温材料,保温层的厚度可根据材料的物理性质,经热工计算决定。

采用保温层的屋面应在保温层下设置隔汽层,其作用是防止室内的水汽渗入保温层使保温材料受潮,导致材料的保温性能降低。隔汽层可采用气密性能好的单层卷材或防水涂料。

平屋顶的隔热措施,常用的有架空隔热屋面、蓄水屋面和种植屋面等。架空隔热屋面——即用烧结粘土或混凝土的薄型制品,覆盖在屋面防水层上并架设有一定高度的空间,利用空气流动加快散热,起到隔热作用。架空隔热层的高度宜为 100mm~300mm。

蓄水屋面——即在屋面防水层上蓄一定高度的水,起到隔热作用。蓄水屋面蓄水层高度宜为 150mm~200mm。屋面及檐口、过水孔、分仓缝构造做法见图 1-5-6。

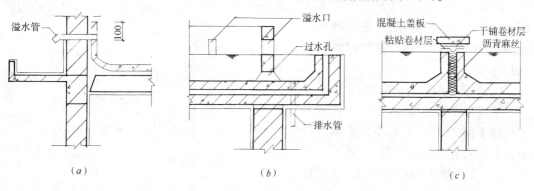

图 1-5-6 屋面及檐口构造做法

(a)溢水口构造;(b)排水管过水孔构造;(c)分仓缝构造

种植屋面——即在屋面防水层上覆土或铺设锯末、蛭石等松散材料并种植物起到隔热作用。檐口构造见图1-5-7。

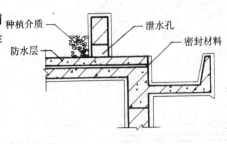

图1-5-7 种植屋面构造

二、平屋顶的细部构造

平屋面除了大面积防水层外,还须注意各个节点部位的构造处理,一般可分为:

(1) 屋面的泛水构造;

(2) 屋顶天沟、檐口构造;

(3) 刚性防水屋面的分仓缝构造;

(4) 伸出屋面的管道接缝处的构造;

(5) 雨水口的构造。

(一) 屋面的泛水构造

泛水也称返水。是防水屋面与垂直墙面交接处的防水处理,如山墙、天窗等部位。

柔性防水屋面,泛水处应加贴卷材或防水涂料,泛水收头应根据泛水高度和泛水墙体材料确定收头密封形式(图1-5-8)。

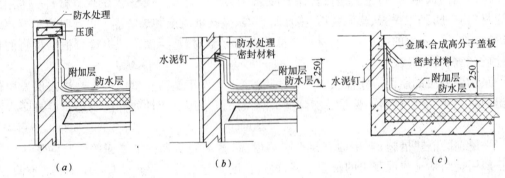

图1-5-8 卷材泛水收头密封形式

(a)卷材泛水收头;(b)砖墙卷材泛水收头;(c)混凝土墙卷材泛水收头

刚性防水屋面,防水层与墙体交接处应留有30mm的缝隙,并用密封材料嵌填,泛水处应铺设卷材或涂膜附加层(图1-5-9)。

(二) 屋顶的天沟、檐口构造

平屋顶屋面的檐口,由于屋面排水方式的不同,而形成各种不同的檐口构造。常见的有自由落水檐口、挑檐沟檐口、女儿墙内檐沟檐口等类型,构造做法见图1-5-10。

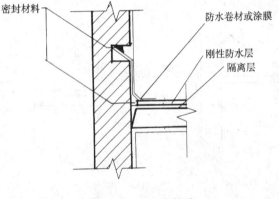

图1-5-9 泛水构造

（三）刚性防水屋面的分仓缝

分仓缝亦称分格缝，是防止不规则裂缝以适应屋面变形而设置的人工缝。其间距大小和设置的部位均须按照结构变形和温度胀缩等需要确定。

分仓缝的宽度宜为 20～40mm，分仓缝的常用构造做法见图 1-5-11。

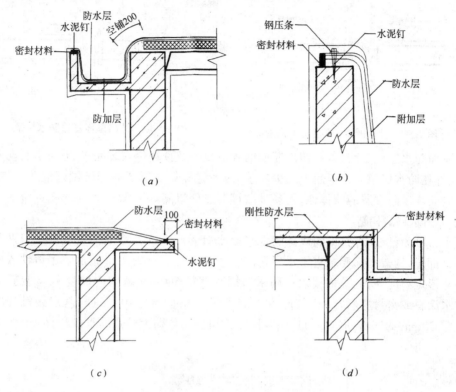

（a）　　　　　　　　　　　　（b）

（c）　　　　　　　　　　　　（d）

图 1-5-10　平屋顶天沟、檐口构造

（a）檐沟；（b）檐沟卷材收头；（c）无组织排水檐口；（d）檐沟滴水

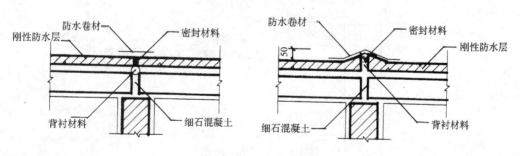

图 1-5-11　分格缝构造

（四）伸出屋面管道接缝处的构造

柔性屋面管道伸出屋面，在管道周围 100mm 内，以 30% 的坡度找坡，组成高 30mm 的圆锥台，在管道四周留 20×20mm 凹槽嵌填密封材料，并增加卷材附加层，做到管道上方 250mm 处收头，用金属箍或铅丝紧固，密封材料封严（图 1-5-12）。

刚性屋面管道伸出屋面，其管道与刚性防水层交接处应留设缝隙，用密封材料嵌填，并应加设柔性防水附加层;收头处应固定密封材料(图 1-5-13)。

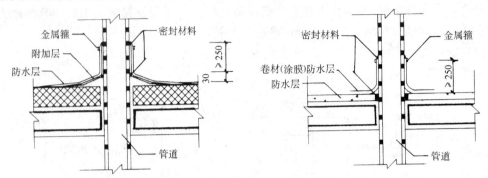

图 1-5-12　伸出屋面管道防水构造　　　图 1-5-13　伸出屋面管道防水构造

在屋面防水层施工前,应将伸出屋面的管道设备及预埋件安装完毕,方可进行防水层施工,不允许在防水层施工完毕后上人去安装,因为这样做要局部揭开已做好的防水层,进行凿眼打洞破坏了防水层的整体性,而易导致该节点处渗漏。

(五)雨水口的构造

雨水口分为设在天沟、檐沟底部的水平雨水口和设在女儿墙上的垂直雨水口两种。无论在什么部位,构造上都要求它排水通畅防止渗漏和堵塞。雨水口通常采用铸铁或塑料制品的漏斗形定型配件,上设格栅罩。雨水口周围直径 500mm 范围内坡度不应小于 5%,并应用防水涂料或密封材料涂封,其厚度不应小于 2mm。水平雨水口与基层接触处应留宽 20mm、深 20mm 的凹槽,嵌填密封材料,图 1-5-14a、b 分别为横式雨水口和直式雨水口。

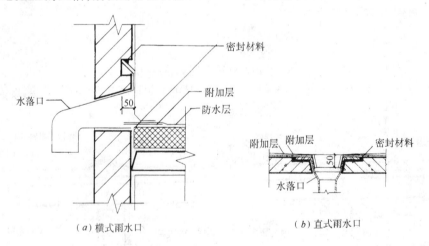

(a)横式雨水口　　　　　　　(b)直式雨水口

图 1-5-14　雨水口构造

第二节　坡　屋　顶

坡屋顶系排水坡度较大(一般>10%)的屋顶,由各类屋面防水材料覆盖。根据坡面组织的不同,主要有单坡顶、双坡顶和四坡顶

坡屋顶一般由承重结构(承重层)和屋面(防水层)两部分组成,根据不同的使用要求还

可以设置保温层、隔热层及顶棚层等(图 1-5-15)。

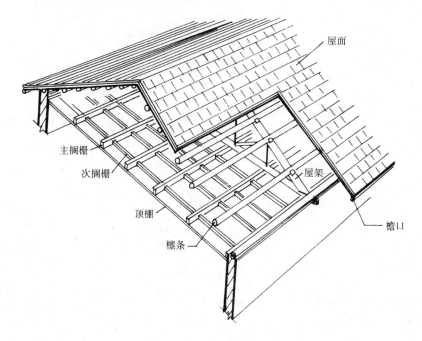

图 1-5-15 坡屋顶的组成

一、坡层顶的承重结构

坡层顶的承重结构主要是承受屋面荷载并把它传递到墙或柱上。它的结构大体上可以分为山墙承重和屋架承重等。

(一)山墙承重

山墙常指房屋的横墙,利用山墙砌成尖顶形状直接搁置檩条以承载屋顶重量,这种结构形式叫"山墙承重"或"硬山搁檩"(图 1-5-16)。山墙到顶直接搁置檩条的做法简单经济,一般适合于开间较小(3~4 米)的房屋,如住宅、宿舍、办公楼等。

(二)屋架承重

屋顶采用三角形的屋架,用米搁置檩条以支承屋面荷载。通常屋架搁置在房屋的纵向

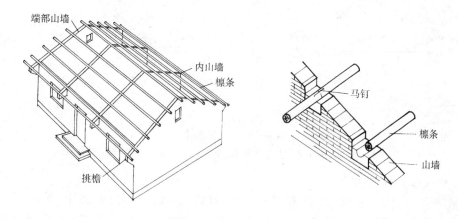

图 1-5-16 山墙支承檩条的屋顶

外墙或柱墩上,使建筑有一个较大的使用空间(图1-5-17)。

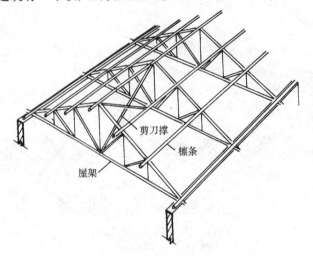

图 1-5-17 屋架支承檩条的屋顶

屋架的形式较多,一般多采用三角形屋架,常用的屋架材料有木材、钢材和钢筋混凝土等(图1-5-18)。

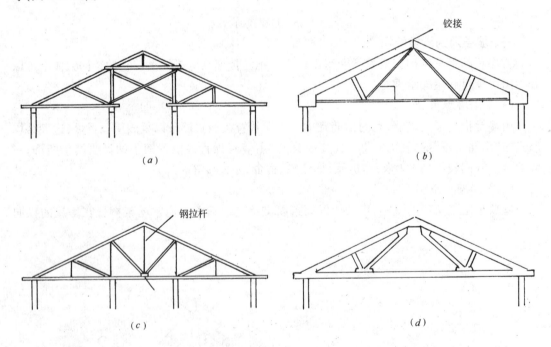

图 1-5-18 屋架形式
(a)四支点木屋架;(b)钢木组合豪式屋架;(c)、(d)预制钢筋混凝土屋架

二、坡屋顶的屋面构造

当坡屋顶的屋面由檩条、椽子、屋面板、防水材料、顺水条、挂瓦条、平瓦等层次组成时,我们称之为平瓦屋面。其中当檩条间距较小(一般小于800mm)时,可直接在檩条上铺设屋

面板,而不使用椽子(图 1-5-19)。

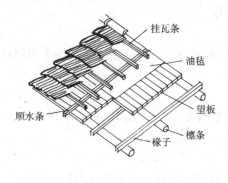
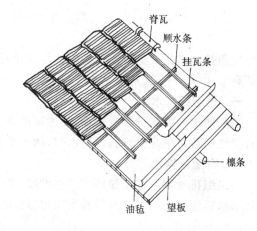

图 1-5-19 平瓦屋面的一般构造

常用的平瓦屋面构造做法有以下三种。

（一）冷摊瓦屋面

冷摊瓦屋面是平瓦屋面中最简单的做法,即在檩木上搁置椽子,再在椽子上直接钉挂瓦条后挂瓦(图 1-5-20),这种做法瓦缝处容易渗漏水,屋顶的保温效果差。

（二）屋面板平瓦屋面

屋面板平瓦屋面是在檩条或椽子上钉屋面板,屋面板的厚度为 15～25mm,板上铺一层卷材,其搭接密度不宜小于 100mm,并用顺水条将卷材钉在屋面板上;顺水条的间距宜为 500mm,再在顺水条上铺钉挂瓦条后挂瓦。这种做法的优点是防水性能好,但木材较浪费。

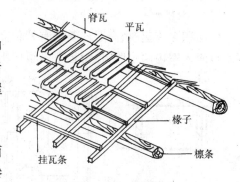

图 1-5-20 冷摊瓦屋面构造

（三）钢筋混凝土挂瓦板平瓦屋面

用钢筋混凝土挂瓦板搁置在横墙或屋架上,用以替代檩条、椽子、屋面板和挂瓦条。这种做法节约木材并且防火性好,但瓦缝中渗漏的雨水不易排除,会导致挂瓦板底面渗水(图1-5-21)。

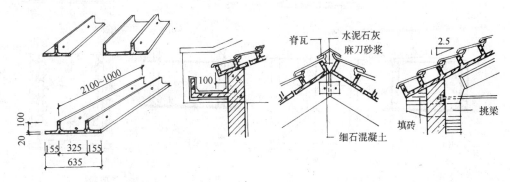

图 1-5-21 挂瓦板平瓦屋面构造

第三节 屋 顶 排 水

屋面排水就是要把屋面上的雨雪尽快地排除掉。通常可以分为有组织排水和无组织排水两种方式(图1-5-22)。

一、无组织排水

屋面伸出外墙部分形成挑檐,使屋面的雨水经挑檐自由下落称无组织排水或自由落水。这种做法构造简单,造价低,但落水时,雨水会溅湿勒脚,破坏其强度。

二、有组织排水

有组织排水就是在屋面做出排水坡度,把屋面的雨、雪水,有组织地排到天沟或雨水口,通过雨水管泄到地面。有组织排水又可以分外排水和内排水两种。

(一)外排水

在屋面四周或两面作檐沟。它是建筑中最常用的排水方式。

(二)内排水

大面积多跨建筑、高层建筑及有特种需要的建筑的屋面时常使用内排水方式,使雨水经雨水口流入室内雨水管,再由地下管道把雨水排到室外排水系统(图1-5-22)。

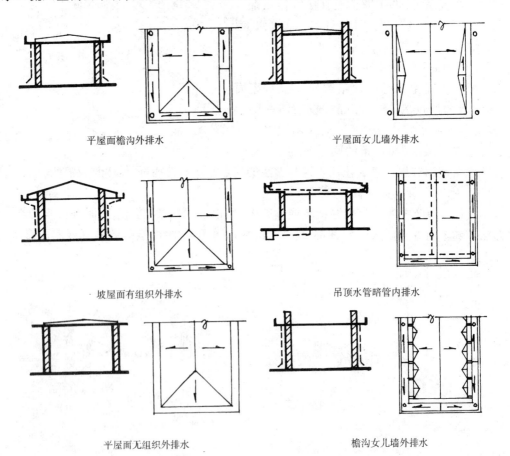

平屋面檐沟外排水　　　　　　　　　　平屋面女儿墙外排水

坡屋面有组织外排水　　　　　　　　　吊顶水管暗管内排水

平屋面无组织外排水　　　　　　　　　檐沟女儿墙外排水

图1-5-22　屋顶排水方式示意图

第四节　顶　　棚

一、顶棚的功能

顶棚也称天棚、天花板。在单层建筑中,它位于屋顶承重结构的下面;在多层或高层建筑中,顶棚除位于屋顶承重结构下面外还位于各层楼板的下面。

顶棚是室内空间的顶界面,顶棚的装饰对室内空间的装饰效果、艺术风格有很大的影响,而且可以遮盖照明、通风、音响、防火等方面所需要的设备管线,同时对一些特定的房间,还具有一定的保温、隔热、吸声等效能。

二、顶棚的分类

顶棚装饰根据不同的室内功能要求可采用不同的类型。

顶棚按其外观可以分为平滑式顶棚、井格式顶棚、分层式顶棚、悬浮式顶棚、玻璃顶棚等(图 1-5-23)。

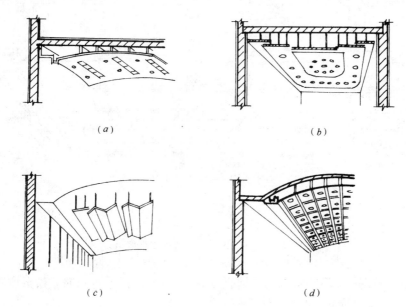

图 1-5-23　顶棚类型

(a)平滑式;(b)分层式;(c)悬浮式;(d)井格式

顶棚按构造方法可以分为直接式顶棚和悬吊式顶棚。

顶棚按承受荷载能力的大小可分为上人顶棚和不上人顶棚。

三、顶棚的构造做法

从构造做法来看,顶棚主要有直接式顶棚和悬吊式顶棚。直接式顶棚是在楼面或屋顶的底部直接作抹灰等饰面处理,其构造比较简单;悬吊式顶棚是通过屋面或楼面结构下部的吊筋与平顶搁棚作饰面处理,其类型和构造比较复杂(图 1-5-24)。

(一)直接式顶棚的构造做法和施工

直接式顶棚是在屋面板、楼板等的底面直接进行喷浆、抹灰或粘贴壁纸等饰面材料。

1. 直接抹灰顶棚

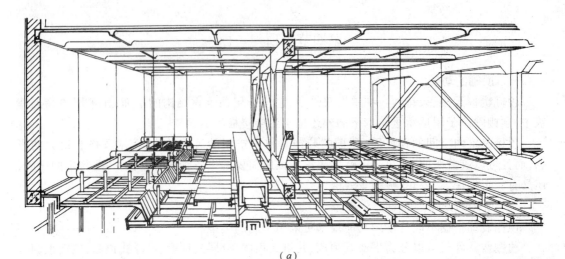

（a）

（b）

图 1-5-24　悬吊式顶棚构造示意图

（a）吊顶悬挂于屋面下构造示意图；（b）吊顶悬挂于楼底构造示意图

当采用现浇钢筋混凝土楼板或用钢筋混凝土预制板时,因板底面有模板印痕或板缝缝隙,一般要进行抹灰装饰。

常用的抹灰材料有:纸筋灰抹灰、石灰砂浆抹灰、水泥砂浆抹灰等。顶棚抹灰的作法是先进行基层处理(包括清除板底浮灰、砂石和松动的混凝土,剔平混凝土突出部分),然后用水泥砂浆抹底层,抹时用力挤入缝隙中,厚度 3~5mm,然后用水泥混合砂浆或纸筋石灰浆罩面。

2. 喷刷类顶棚

如果楼板采用整间预制大楼板时,因底面平整没有缝隙可不抹灰,而直接在板底上喷浆。

喷刷的材料常用的有:石灰浆、大白浆、包粉浆、可赛银等。

（二）悬吊式顶棚的构造做法和施工

悬吊式顶棚是指顶棚的装饰表面与屋面板、楼板之间留有一定的距离。在这段空隙中,通常要结合各种管道、设备的安装,如灯具、空调、灭火器、烟感器等,必要时可铺设检修走道以免踩坏面层,保障安全。

悬吊式顶棚由面层、顶棚骨架和吊筋三个部分组成。面层的作用是装饰室内空间,常常

70

还要兼具一些特定的功能,如吸声、反射等等。面层的构造设计还要结合灯具、风口等布置进行。骨架主要包括由主龙骨、次龙骨(又称主搁栅、次搁栅)所形成的网格体系,其作用是承受吊顶棚面层荷载(在上人吊顶中还要考虑检修荷载),并将这些荷载通过吊筋传递给屋面板或楼板等承重结构。吊筋的作用主要是承受吊顶棚和大小龙骨及搁栅的荷载,并将荷载传递给屋面板、楼板、梁等。另外,它还可以调节吊顶的高度,以适应不同的空间需要和不同的艺术处理上的需要。

1. 吊筋

吊筋常用的材料和固定方法有在混凝土中预埋 $\phi6$ 钢筋(吊环)或 8 号镀锌铁丝,也可以采用金属膨胀螺丝、射钉固定(钢丝、镀锌铁丝)作为吊筋(图 1-5-25)。吊筋的安装主要考虑下部荷载的大小。

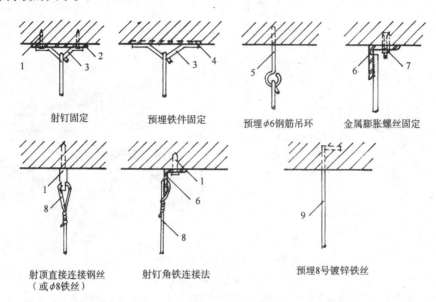

图 1-5-25　吊筋固定方法
1— 射钉;2—焊板;3— $\phi10$ 钢筋吊环;4—预埋钢板;5— $\phi6$ 钢筋;
6—角钢;7—金属膨胀螺栓;8—铝合金丝;9—8 号镀锌铁丝

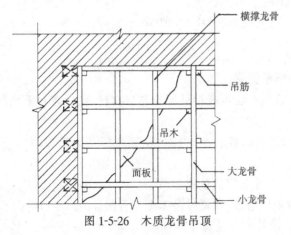

图 1-5-26　木质龙骨吊顶

2. 骨架

吊顶的骨架由大、小龙骨组成。龙骨又称搁栅,按材料不同有木质龙骨、轻钢龙骨和铝合金龙骨等等。

图 1-5-26 所示为木质龙骨布置图,小龙骨与大龙骨垂直。小龙骨之间还设有横撑龙骨。一般大龙骨用 60mm×80mm 方木,间距宜为 1m,并用 8 号镀锌铁丝绑扎;小龙骨、横撑龙骨一般用 40mm×60mm 或 50mm×50mm 方木,底面相平,间距视罩面板的情况而定。

71

轻钢龙骨和铝合金龙骨,其断面有:U 型、T 型等数种,其构造做法见图 1-5-27。

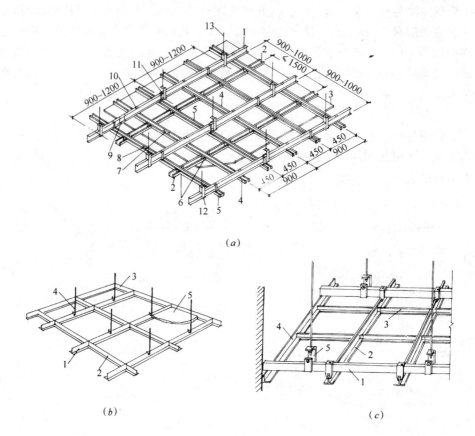

(a)

(b)　　　　　　　　　　　　(c)

图 1-5-27　轻钢龙骨吊顶构造

(a)U 型龙骨吊顶示意图

1—BD 大龙骨;2—UZ 横撑龙骨;3—吊顶板;4—UZ 龙骨;5—UX 龙骨;6—UZ₃ 支托连接;7—UZ₂ 连接
件;8—UX₂ 连接件;9—BD₂ 连接件;10—UZ₁ 吊挂;11—UX₁ 吊挂;12—BD₁ 吊件;13—吊件 φ8~φ10

(b)TL 型铝合金吊顶(不上人吊顶)

1—大 T;2—小 T;3—角条;4—吊件;5—饰面板

(c)TL 型铝合金吊顶(上人吊顶)

1—大龙骨;2—大 T;3—小 T;4—角条;5—大吊挂件

3. 面层

面层一般可以分为抹灰类,板材类和格栅类。

抹灰类面层在其骨架上还需用木板(条)、木丝板或钢丝网作基层材料,然后在其上面抹灰(抹灰作法见直接式顶棚)。

板材类面层材料主要有石膏板、矿棉装饰板、胶合板、纤维板、钙塑板和金属饰面板等。其安装的方法主要有:

搁置法——将装饰面板直接摆放在 T 型龙骨组成的格框内。

嵌入法——将装饰罩面板事先加工成企口暗缝,安装时将 T 型龙骨两肢插入企口缝内。

粘贴法——将装饰罩面板用胶粘剂直接粘贴在龙骨上。

钉固法——将装饰罩面板用钉、螺丝钉、自攻螺丝等固定在龙骨上,钉子应排列整齐。

压条固定法——用木、铝、塑料等压缝条将装饰罩面板钉结在龙骨上。

卡固法——多用于铝合金吊顶,板材与龙骨直接卡接固定,不需要用其他方法加固。

罩面板安装前,吊顶内的通风、水电管道及上人吊顶内的人行或安装通道,应安装完毕。消防管道安装并试压完毕;吊顶内的灯槽、斜撑、剪刀撑等,应根据工程情况适当布置。轻型灯具应吊在大龙骨或附加龙骨上,重型灯具或电扇不得与吊顶龙骨连结。应另设吊钩。

格栅类顶棚也称开敞式吊顶。它是通过一定的单体构件组合而成的,可以表现一定的韵律感。单体构件的类型繁多,材料主要有木材构件,金属构件、灯饰构件及塑料构件等。

格栅类吊顶的安装构造,大体上可分为:一种是将单体构件固定在可靠的骨架上,然后再将骨架用吊杆与结构相连,另一种是对于轻质、高强材料制成的单体构件,不用骨架支持,而直接用吊杆与构件相连,集骨架和装饰于一身(图1-5-28)。

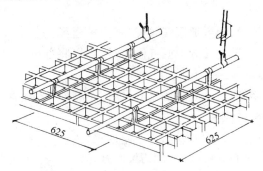

图 1-5-28　格栅类吊顶的安装构造

第六章 门 窗

一、窗

（一）窗的作用和要求

窗是建筑物中的一个重要组成部分。窗的主要作用是采光、通风和眺望,同时它也是房屋的围护构件,对建筑的外观起着一定的影响。

一般建筑物房间的采光、日照主要取决于窗的面积。不同房间有不同的采光、日照要求,故要求建筑窗的面积大小也不同。

窗的通风作用因地而异,南方地区气候炎热,要求通风面积大一些,并且可以将窗做成活动窗扇,夏季敞开以利通风。北方地区气候寒冷,可以将部分窗做成固定窗,这样可以起到少量通风换气的需要。

作为围护结构的一部分,窗还应有适当的保温、隔热和隔声效果,可以将窗做成双层窗,窗扇的缝隙应有足够的密封性。

（二）窗的类型

窗的类型很多,按使用的材料可分为木窗、钢窗、铝合金窗、铝塑窗等。

按窗的层数可分为单层窗和双层窗。

按窗的开启方式可分有平开窗、固定窗、转窗(上悬、下悬、中悬、立转)和推拉窗等(图 1-6-1)。

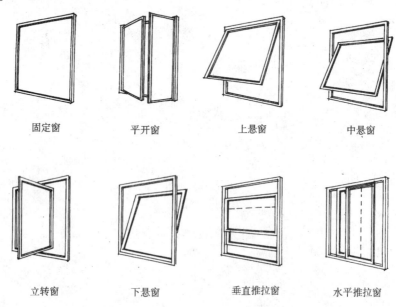

| 固定窗 | 平开窗 | 上悬窗 | 中悬窗 |

| 立转窗 | 下悬窗 | 垂直推拉窗 | 水平推拉窗 |

图 1-6-1 窗的开启方式

1. 平开窗

平开窗是最常用的窗,窗扇在侧边用铰链(合页)与窗框连接,可以向外或向内开启。向外开有利于防止雨水流入室内,且不占室内空间,采用较广。但是,在设双层窗时,里层窗常为内开。

2. 固定窗

固定窗是将玻璃直接镶嵌在窗框上不能开启和通风,仅供采光和眺望之用。固定窗构造简单,不需要窗扇,常用于只需要采光的地方,如楼梯间、走道等。

3. 转窗

转窗就是窗扇绕某一轴旋转开启,按轴的位置可分为上悬、中悬、下悬和立转。一般上悬和中悬转窗向外开防雨水效果较好,可用作外窗,而下悬窗防雨较差,不适用于外窗。立转窗开启方便,通风好,但防雨雪和密封性较差,易向室内渗水,适用于不常开启的窗扇。

4. 推拉窗

推拉窗是窗扇沿导轨或滑槽进行推拉,有水平和垂直两种。推拉窗开启时不占室内空间,玻璃损耗也小。铝合金窗、塑料窗等通常都采用推拉开启方式。

目前,我国大多数省、市的有关部门常用木门窗、钢门窗和铝合金门窗图集供设计人员选用。因此,在设计时除特殊要求者外,只需注明图集中的窗的编号即可。

窗的一般尺寸编号:

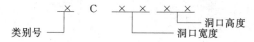

木窗——C

铝合金窗——LC

钢窗——GC

二、门

(一)门的作用和要求

门是建筑物中不可缺少的组成部分。主要是用于交通联系和疏散,同时也起采光和通风作用。

门作为建筑的外围护构件,还应注意其保温、隔热性能和美观。

门的尺寸、位置、开启方式和立面形式,应考虑人流疏散、安全防火、家具设备的搬运以及建筑艺术方面的要求综合确定。

(二)门的类型

门的类型很多,按使用的材料分,有木门、钢门、铝合金门、塑料门和玻璃门等。

按用途可分为普通门、纱门、百页门以及特殊用途的门(如保温门、隔声门、防盗门、防爆门等)。

按门的开启方式分有平开门、弹簧门、推拉门、折叠门、转门、卷帘门等(图1-6-2)。

1. 平开门

平开门就是用普通铰链装于门扇侧面与门框连接。门扇有单扇和双扇之分,开启方式有内开和外开。由于平开门安装方便、开启灵活,是工业与民用建筑中应用最广泛的一种。

2. 弹簧门

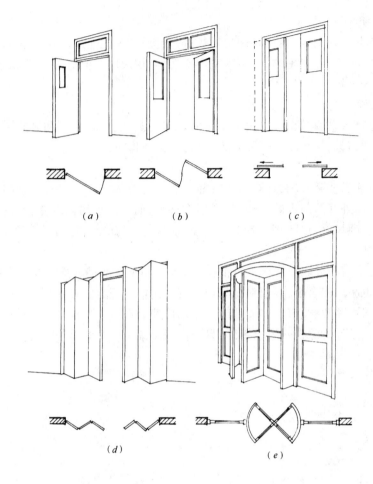

图 1-6-2 门的开启方式

(a)平开门;(b)弹簧门;(c)推拉门;(d)折叠门;(e)转门

弹簧门为开启后会自动关闭的门,是平开门的一种。它是由弹簧铰链代替普通铰链,有单向开启和双向开启两种。常适用于公共建筑的过厅、走廊及人流较多的房间门。

3．推拉门

门的开启方式是左右推拉滑行,门可以悬于墙外,也可以隐藏在夹墙内。构造作法可以分为上挂式和下滑式两种。推拉门开启时不占空间,外观美观,常被用于住宅和公共建筑中。

4．折叠门

折叠门是一排门扇相连,开启时推向一侧或两侧,门扇相互折叠在一起。它开启时占空间少,但构造比较复杂。

5．转门

由两个固定的弧形门套,内装设三扇或四扇绕竖轴转动的门扇,对防止内外空气的对流有一定的作用,可作为公共建筑及有空调房屋的外门。一般在转门的两旁另外设平开门或弹簧门。

6．卷帘门

卷帘门由帘板、导轨及传动装置组成。帘板由铝合金轨制成成型的条形页板连接而成，开启时，由门洞上部的转动轴旋转将页板卷起，将帘板卷在卷筒上。卷帘门牢固、开启方便，占空间少，适用于商店、车库等。

和窗一样，门也常常有标准图集，一般只需在图纸上标注门的编号即可。

门的一般尺寸编号

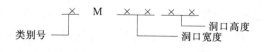

木门——M

铝合金门——LM

钢门——GM

第七章　楼　　梯

一、楼梯的种类和要求

在各种建筑物中,两层以上建筑物楼层之间的垂直交通设施有楼梯、电梯、自动扶梯等。这些交通设施为使用者方便和安全疏散的要求,一般都设置在建筑物的出入口附近。其中楼梯是最常用的,它经常要容纳较多的人流通过,因此要求它坚固、耐久并且能满足防火和抗震要求。而电梯和自动扶梯常见于高层建筑和人流较多的大型公共建筑中。

楼梯按用途分,有主要楼梯、辅助楼梯、安全楼梯(供火警或事故时疏散人口之用)等。

楼梯按结构材料分,有钢筋混凝土楼梯、木楼梯、钢楼梯等。

楼梯的平面布置形式常见的有单跑楼梯、双跑楼梯、三跑楼梯、双分、双合式楼梯、螺旋

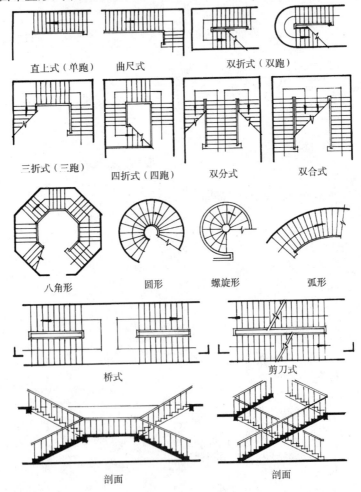

直上式（单跑）　　曲尺式　　　　双折式（双跑）

三折式（三跑）　　四折式（四跑）　双分式　　双合式

八角形　　　　圆形　　　　螺旋形　　　　弧形

桥式　　　　　　　　　剪刀式

剖面　　　　　　　　　剖面

图 1-7-1　楼梯的形式

式楼梯等(图1-7-1)。其中使用较多的是双跑楼梯,因其平面形式与一般房间平面一致,在建筑平面设计时容易布置。

二、楼梯的组成部分及主要部分尺寸

楼梯一般由梯段、休息平台和栏杆(或栏板)扶手三部分组成(图1-7-2)。

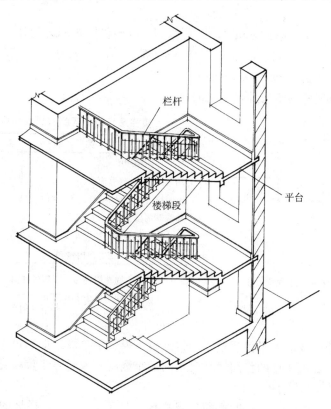

图 1-7-2　楼梯的组成部分

(一)楼梯段

楼梯段由连续的踏步所构成,它的宽度应根据人流量的大小、安全疏散和防火等的要求来决定。一般按每股人流量宽为 $0.55+(0\sim\pm0.15)$ 米的人流股数确定,并不应少于两股人流。根据建筑使用性质和日常交通负荷,其最小宽度应符合表1-7-1的规定。

楼 梯 段 最 小 宽 度　　　　　　　　　　表 1-7-1

序　号	楼 梯 使 用 特 征	最 小 宽 度 (m)
1	住宅楼梯	1.10
2	影剧院、会堂、商场、医院、体育馆等主要楼梯	1.60
3	其他建筑主要楼梯	1.40
4	通向非公共活动用的地下室、半地下室楼梯	0.90
5	专用服务楼梯	0.75

每一踏步高度和踏步宽度的比值,决定了楼梯的坡度。楼梯的坡度一般在 20°～45°之

间,从行走舒服、安全角度考虑,楼梯的坡度以 26°~35° 最为适宜。在人流活动较集中的公共建筑中,楼梯的坡度应缓一些;而在人数不多的建筑中,楼梯的坡度可以陡一些,以节约建筑面积。在同一座楼梯中,每个踏步的高度和宽度应该相同,否则会破坏行走的节奏,容易摔跤。而同一幢楼的不同楼梯,踏步的高度和宽度可以不同,因此形成各种不同坡度的楼梯。

决定踏步高度(h)和宽度(b)的尺寸,可以用下列经验公式来进行计算(图 1-7-3)。

$$2h + b = S$$

式中　S——平均步距(一般取 600~620mm)

一般民用建筑楼梯踏步尺寸可参见表 1-7-2。

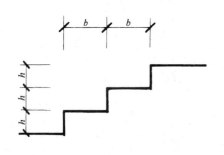

图 1-7-3　楼梯踏步的截面形式

楼梯踏步最小宽度和最大高度(m) 　表 1-7-2

楼　梯　类　别	最小宽度	最大高度
住宅共用楼梯	0.25	0.18
幼儿园、小学校等的楼梯	0.26	0.15
电影院、剧场、体育馆、商场、医院、疗养院等的楼梯	0.28	0.16
其他建筑物楼梯	0.26	0.17
专用服务楼梯、住宅户内楼梯	0.22	0.20

注:无中柱螺旋楼梯和弧形楼梯离内侧扶手 0.25m 处的踏步宽度不应小于 0.22m。

(二) 休息平台

每段楼梯的踏步数最多不得超过 18 级,最少不得少于 3 级。如超过 18 级,应在梯段中间设休息平台,起缓冲、休息的作用。平台板的最小宽度应大于等于梯段宽度。

(三) 栏杆、栏板和扶手

为行走者安全,楼梯临空一侧,必须设置栏杆或栏板,在栏杆或栏板的上部设扶手。若楼梯的净宽达三股人流,靠墙一侧宜增设"靠墙扶手"。达四股人流时应加设中间扶手。室内楼梯扶手高度自踏步前沿量起不宜小于 0.90m。儿童使用扶手高度宜为 0.50m。靠楼梯井一侧水平扶手超过 0.50m 时,其高度应不小于 1m。室外楼梯扶手高度不应小于 1.05m (图 1-7-4)。

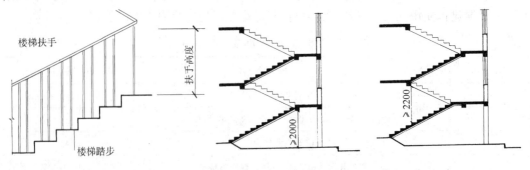

图 1-7-4　楼梯扶手高度　　　　图 1-7-5　楼梯净空高度要求及剖面处理

(四) 楼梯净空高度

首层平台下过人,休息平台上部及下部的净空高度,应不小于 2.0m,以保证通过者不碰头和搬运物品方便。为了达到上述要求,可采取增加第一跑梯段的踏步数,以抬高平台高度;或将室外台阶移入室内,以降低休息平台下地面的标高;也可以同时采用上述两种办法(图1-7-5)。去掉平台梁也可以加大平台下净空高度。

楼梯段净高应不小于2.2m。

三、钢筋混凝土楼梯的构造和施工

钢筋混凝土楼梯由于其坚固耐久,防火性能好等优点而被广泛的使用。它按施工方式的不同可以分为现浇钢筋混凝土楼梯和预制钢筋混凝土楼梯两种。

(一)现浇钢筋混凝土楼梯

现浇钢筋混凝土楼梯的结构形式有梁板式、板式两种。它们都是在支模配筋后将梯段、平台、梁等用混凝土浇筑在一起的,所以整体性好。

1. 梁板式楼梯

梁板式楼梯由梯段板、斜梁、平台板和平台梁组成。梯段板上的荷载通过斜梁传至平台梁,再传到其他承重构件(墙或柱)上。

梁板式楼梯的做法一般有两种,一种是将梯段板靠墙一面的这一边直接搭接在墙上,不设斜梁。这种做法比较经济,但施工比较麻烦。另一种做法是在梯段板两边均搭在斜梁上。斜梁可以在梯段板的下面,被称为明步法,也可以在梯段板的上面,称为暗步法。明步法楼梯外形比较简洁轻巧,而常被使用(图1-7-6)。

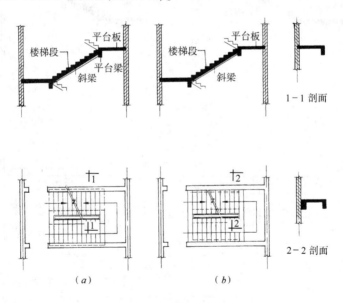

图1-7-6 双跑梁板式楼梯

梁板式楼梯,在做室外楼梯时,可以在踏步中央设置一根斜梁,使踏步板的两端悬挑,这种形式叫单梁挑板式楼梯,它可以节省钢材及混凝土,自重较小,如图1-7-7所示。

2. 板式楼梯

板式楼梯不设斜梁,整个梯段形成一块斜置的板搭在平台梁上。当跨度不大时,也可将梯段板与休息平台连结成一个整体,支承在楼梯间的纵向承重墙或梁上(图1-7-8)。板式楼梯底面平整,支撑方便,但板跨大了不够经济。

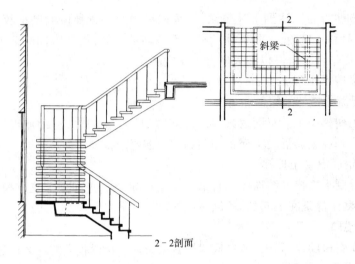

2-2剖面

图 1-7-7　单梁挑板楼梯

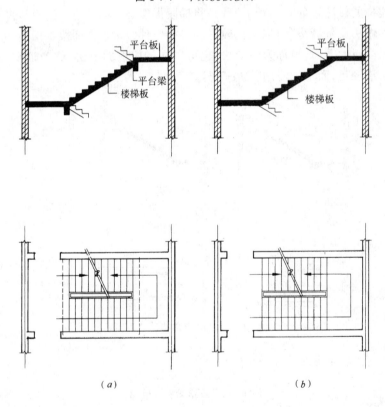

（a）　　　　　　　　　　　　　（b）

图 1-7-8　双跑板式楼梯

（二）预制钢筋混凝土楼梯

装配式楼梯因其施工速度快而被经常使用。它的构造形式由于构件不同而不同。根据预制构件的不同，常可以分为小型构件装配式楼梯和大型构件装配式楼梯两种。

1．小型构件装配式楼梯

小型构件装配式楼梯是将踏步、斜梁、平台梁、平台板分别预制，然后进行装配。踏步断面形式有 L 形、T 形、└┐形等(如图 1-7-9)。踏步板两端支承在斜梁上或墙上,在没有抗震要求的情况下也可用悬挑结构形式(图 1-7-10)。小型构件装配式楼梯构件小,重量轻,可不用起重设备,施工简单。

图 1-7-9　预制踏步板的形式

(a)

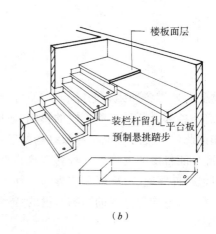

楼板面层

装栏杆留孔　平台板
预制悬挑踏步

(b)

图 1-7-10　预制踏步板的支承方式

(a)墙承式;(b)悬挑式

2. 大型构件装配式楼梯

这种楼梯是先将踏步板和斜梁预制成一个大型构件,平台梁和平台板预制成一个大型构件,然后在工地上用起重设备吊装。或者将构件做成更大的踏步和平台板连在一起的构件,在现场进行装配(图 1-7-11)。

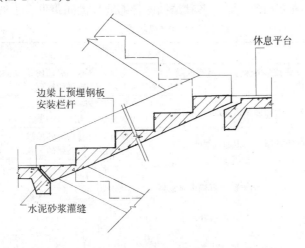

休息平台

边梁上预埋钢板
安装栏杆

水泥砂浆灌缝

图 1-7-11　大型预制钢筋混凝土梯段

为了保证上下楼梯人流的安全性和行走时的依扶,楼梯上应设栏杆扶手。栏杆扶手的设计要求构造上坚固耐久,满足防火要求,造型简单、美观。

第八章 变 形 缝

第一节 变形缝的设置

建筑物受到外界各种因素的影响,如温度变化的影响、建筑物相邻部分结构形式差别的影响,或建筑物各部分所受荷载不同的影响,或因地基承载力差异的影响和地震等影响,而会使建筑物因此产生变形、开裂、导致结构的破坏,故在设计时事先将建筑物分成几个独立部分,使各部分能自由的变形。这种将建筑物垂直分开的缝称变形缝。

变形缝包括伸缩缝、沉降缝和抗震缝三种。其中防止由温度影响而设置的变形缝叫伸缩缝;防止因地基不均匀沉降的影响所设的变形缝叫沉降缝;防止由地震的影响而设置的变形缝叫抗震缝。

一、伸缩缝

建筑物常因温度变化的因素产生热胀冷缩,当建筑物长度过长时,建筑物就会出现不规则的开裂,为预防这种情况发生,应沿建筑物长度,每隔一定距离预留缝隙,即伸缩缝,又称为温度缝。伸缩缝要从基础顶面开始,将基础上部结构(墙体、楼板、屋顶)全部断开。基础因受温度影响较小可以不必断开。如房屋屋顶采用瓦屋面,则屋面部分也无需再设伸缩缝。伸缩缝的宽度一般为20～40mm。伸缩缝的设置位置和间距与构件所用材料、结构类型、施工方法以及当地气温条件,均有密切的关系。各种结构的伸缩缝最大间距见表1-8-1,1-8-2,1-8-3。

砖石墙体伸缩缝的最大间距(m)   表 1-8-1

砌体类别	屋顶或楼板层的类别		间距
各种砌体	整体式或装配整体式钢筋混凝土结构	有保温层或隔热层的屋顶、楼板层无	50
		保温层或隔热层的屋顶	30
	装配式无檩体系钢筋混凝土结构	有保温层或隔热层的屋顶	60
		无保温层或隔热层的屋顶	40
	装配式有檩体系钢筋混凝土结构	有保温层或隔热层的屋顶	75
		无保温层或隔热层的屋顶	60
普通粘土、空心砖砌体	粘土瓦或石棉水泥瓦屋顶		150
石砌体	木屋顶或楼板层		100
硅酸盐、硅酸盐砌块和混凝土砌块砌体	砖石屋顶或楼板层		70

注：1.层高大于5m的混合结构单层房屋,其伸缩缝间距可按表中数值乘以1.3采用,但当墙体采用硅酸盐砖、硅酸盐砌块和混凝土砌块砌筑时,不得大于75m。

2.温差较大且变化频繁地区和严寒地区不采暖的房屋及构筑物墙体的伸缩缝最大间距,应按表中数值予以适当减少后采用。

混凝土结构伸缩缝最大间距(m) 表 1-8-2

项 次	结 构 类 别	室内或土中	露 天
1	装配式结构	40	30
2	现浇式结构(配有构造钢筋)	30	20
3	现浇式结构(未配构造钢筋)	20	10

钢筋混凝土结构伸缩缝最大间距(m) 表 1-8-3

项 次	结 构 类 型		室内或土中	露 天
1	排架结构	装配式	100	70
2	框架结构	装配式	75	50
		现浇式	55	35
3	墙式结构	装配式	40	30
		现浇式	30	20

二、沉降缝

沉降缝是为了防止建筑物由于不均匀沉降引起破坏而设置缝隙,它把房屋划分为若干个刚度较好而体型简单的单元,使各单元可以自由沉降。

出现下列情况均应设置沉降缝:

(1)同一建筑物相邻部分的结构类型不同

(2)同一建筑物的相邻部分高差较大(例如相差两层或 6m 以上)

(3)建筑物的长度较长或平面形状复杂

(4)原有建筑物和扩建建筑物之间

(5)同一建筑物相邻部分的上部荷载差异较大

(6)建筑物建造在不同的地基土壤上

(7)同一建筑物相邻部分基础类型不同处

沉降缝要从基础开始,其上部结构全部断开。因此沉降缝同时可起伸缩缝的作用,而伸缩缝不能代替沉降缝。沉降缝的宽度与地基的性质和房屋的高度有关,见表 1-8-4。

沉降缝宽度尺寸 B 表 1-8-4

地 基 性 质	房屋高度(H)	缝宽 B(mm)
一般地基	$H < 5m$	30
	$H = 5 \sim 10m$	50
	$H = 10 \sim 15m$	70
软弱地基	2~3 层	50~80
	4~5 层	80~120
	5 层以上	>120
湿陷性黄土地基		≥30~70

注:沉降缝两侧单元层数不同时,由于高层的影响,低层的倾斜往往很大,因此沉降缝的宽度 B 应按高层确定。

三、抗震缝

在地震区建造房屋应考虑地震的影响,目前,我国规定建筑物的设防重点放在地震烈度为7~9度地区,在该类地区建造房屋,体形应尽可能简单,房屋质量和刚度尽可能均匀对称。但如因建筑功能上的原因,导致建筑体型复杂,各部分结构刚度、质量截然不同,或有错层且楼梯高差较大,或建筑物立面高度相差 6m 以上时,宜用抗震缝将建筑物分隔成若干个体型简单、刚度和质量均匀的结构单元。

抗震缝应沿建筑物全高设置,缝的两侧应设置墙体,基础可不断开。抗震缝的宽度因房屋高度和地震烈度不同而异,在多层砖混结构中取 50~100mm。

抗震缝可以结合伸缩缝、沉降缝的要求统一考虑。当伸缩缝、沉降缝、抗震缝在同一建筑物中设置时,尽可能合并,使一缝具有多种功能,合并设置的原则是满足三种情况中最不利的情况要求。

第二节 变形缝的构造

一、伸缩缝的构造

1. 墙体伸缩缝的构造

外墙厚度为一砖时,伸缩缝可做成平缝的形式,外墙厚度为一砖以上时,伸缩缝一般应做成企口或错口的形式。缝内常填充沥青麻丝或玻璃毡等可缩性材料,考虑对立面的影响,外墙外表面常用薄金属片(24 号或 26 号镀锌铁皮或 1mm 厚铝板)做盖缝,而外墙内表面可用木质盖缝条遮盖。如图 1-8-1 所示。

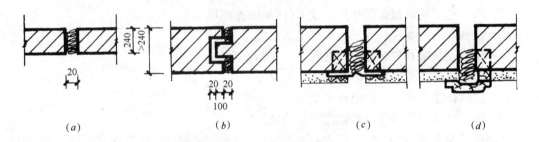

图 1-8-1 墙体伸缩缝构造

(a)直缝;(b)企口缝;(c)外墙外表面铁皮盖缝;(d)外墙内表面木质盖缝条盖缝

2. 楼地面伸缩缝构造

楼地面伸缩缝的位置和大小应与墙体伸缩缝一致。

整体面层地面,面层与垫层在伸缩缝处都断开;块状面层地面,垫层在变形缝处断开,面层中可不设伸缩缝。垫层的伸缩缝中填充沥青麻丝,面层的伸缩缝中填充沥青玛琋脂等材料。如图 1-8-2 所示。

楼面伸缩缝分上下两个表面,上表面的面层要求较高,一般采用 4mm 厚的钢板,或采用水磨石块、聚氯乙烯硬塑料板等耐磨材料作成活动盖板,板下设有金属调节片或干铺油毡,以防尘土下落。下表面为天棚面,一般采用木盖条或硬质塑料盖条遮盖。如图 1-8-3所示。

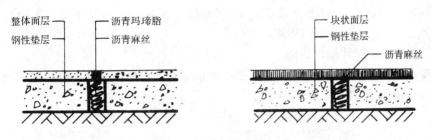

图 1-8-2　地面伸缩缝构造

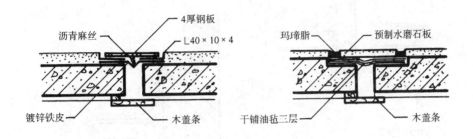

图 1-8-3　楼面伸缩缝构造

3. 屋顶伸缩缝构造

(1) 柔性防水屋面伸缩缝构造

当屋面为不上人屋面,若屋面伸缩缝两侧的屋面标高相同时,则在伸缩缝两侧各砌半砖墙,按泛水构造进行处理,在接缝两侧的矮墙上面,常用镀锌铁皮覆盖,如图 1-8-4(a)。若伸缩缝两侧的屋面标高不等时,应在低侧屋面上砌半砖厚墙,与高侧墙间留出伸缩缝,缝上

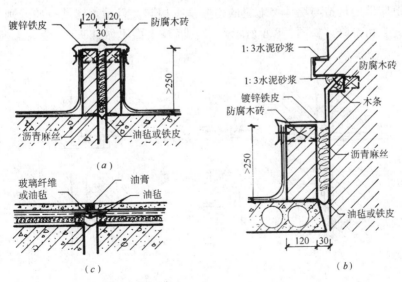

图 1-8-4　柔性防水屋面伸缩缝构造

(a) 等高不上人屋面;(b) 不等高屋面;(c) 等高上人屋面

87

端覆盖镀锌铁皮,其余再按泛水构造进行处理,如图1-8-4(b)。当屋面为上人屋面,伸缩缝处屋面平齐,以便于行走,如图1-8-4(c)所示。

(2)刚性防水屋面伸缩缝构造

构造要点基本上同柔性防水屋面,只是泛水按刚性防水屋面泛水构造处理,矮墙上可用混凝土压顶板覆盖,如图1-8-5所示。

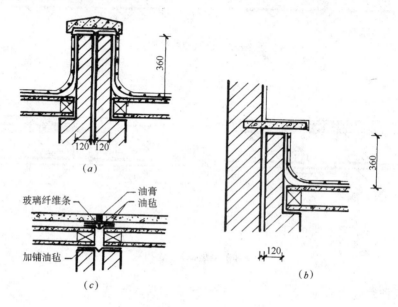

图1-8-5 刚性防水屋面伸缩缝构造
(a)等高不上人屋面;(b)不等高屋面;(c)等高上人屋面

二、沉降缝构造

1.墙体沉降缝构造

墙体沉降缝的构造与墙体伸缩缝的构造基本相同。只是盖缝条有些差别,必须保证两个独立单元自由沉降。如图1-8-6所示。当外墙外表面不做抹灰时,金属盖缝条外不加钉钢丝网。

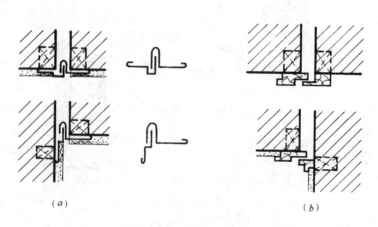

图1-8-6 墙体沉降构造
(a)外墙外表面;(b)外墙内表面与内墙

88

2．基础沉降缝构造

沉降缝处基础必须断开,处理方法有双墙式、交叉式和悬挑式三种。

图1-8-7为沉降缝处基础做法构造示意图。

沉降缝在楼地面及屋顶部分的做法应满足沉降要求,其构造基本上与伸缩缝相同。如图1-8-2、1-8-3、1-8-4、1-8-5所示。

三、抗震缝构造

抗震缝应沿建筑物的全高设置。基础是否要断开,要根据具体情况来设计。在抗震缝两侧的承重墙或框架柱应成双布置。抗震缝在墙体、楼地层以及屋顶各部分的构造,基本上与伸缩缝、沉降缝各部分的构造相同。

为保证在水平方向地震波的影响下,房屋相邻部分不致因碰撞而造成破坏,抗震缝的宽度较大,一般取50～70mm;在多层钢筋混凝土框架

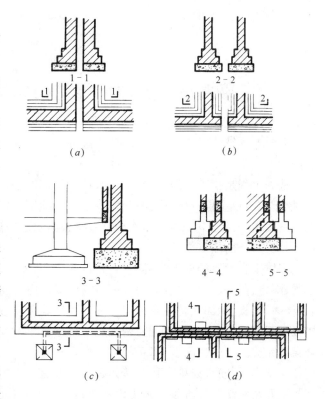

图1-8-7　基础沉降缝构造
(*a*)、(*b*) 双墙式;(*c*) 悬挑式;(*d*) 交叉式

建筑中,建筑物高度小于和等于15m时为70mm;当超过15m时:

设计烈度7度,建筑物每增高4m,缝宽在70mm基础上增加20mm。

设计烈度8度,建筑物每增高3m,缝宽在70mm基础上增加20mm。

设计烈度9度,建筑物每增高2m,缝宽在70mm基础上增加20mm。

抗震缝的内、外墙面应用铝板等进行表面处理,以增加美观。如图1-8-8所示。

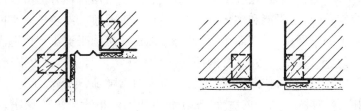

图1-8-8　墙体抗震缝构造

第九章　多层砖混结构民用房屋施工顺序

多层砖混结构民用房屋的施工,一般分为基础工程、主体工程、屋面及装修工程三个施工阶段。

基础工程是指室内地面(±0.00)以下所有的工程。当没有地下室时,其施工顺序一般是:挖土方→设垫层→做基础→回填土。如有地下室时,其施工顺序为:挖土→设垫层→做地下室底板→做地下室墙体→作地下室墙板防水层→做地下室顶板→回填土。基础若为桩基,则应先打桩,接着做承台(或地下室底板)。

主体工程阶段的施工内容包括:搭设脚手架,安装起重运输设备,砌筑砖墙,现浇圈梁、过梁、雨篷、阳台、安装(或浇捣)楼板、楼梯,依次由低向上,直至施工屋面板。其中砌墙和安装(浇捣)楼板、屋面板是主导施工过程。主体工程阶段的施工顺序是以砌墙和安装(浇捣)楼板直至屋面板为主来确定的,两者在各楼层施工时交替进行。其他施工过程则与两者配合穿插完成。一般情况下,脚手架搭设配合砌墙、安装(浇捣)楼板逐层进行;现浇钢混凝土构件的支模、托筋等安排在每层墙体砌筑的最后一步插入,与现浇圈梁同时进行。

屋面及装修工程阶段的施工内容包括屋面板安装(浇捣)完后的所有工程内容。这个阶段的施工特点是:施工内容多,繁而杂;有的工程量大而集中,有的则小而分散;手工操作多,耗工量大,工期较长。这个阶段的主导施工过程是抹灰工程。所以,安装这一阶段的施工顺序一般是以抹灰工程顺序为主来进行的。抹灰工程可分室外抹灰和室内抹灰(天棚、墙面、楼地面、楼梯等表面抹灰)两个方面。抹灰施工顺序可采用三种方案:

1. 室外抹灰自上而下。这是指房屋的屋面工程(指防水、保温、隔热处理)全部完成后,室外抹灰从顶层开始逐层往下进行,直至底层。

2. 室内抹灰自上而下或自下而上。室内抹灰自上而下是指主体工程及屋面防水层等完工后,室内抹灰从顶层开始逐层往下进行,直至底层。采用这种方法可以防止上部施工污染和破坏下部装修;缺点是不能和主体工程搭接施工,工程总工期较长。室内抹灰自下而上是指主体工程施工到三层以上(有两个层面楼板,确保底层施工安全)时,室内抹灰从底层开始逐层往上进行,直至顶层。采用这种顺序的优点是抹灰可与主体工程搭接进行,利于缩短工期;缺点是施工中工种交叉作业多,使施工的安全因素增加,现场施工组织和管理复杂。

室内抹灰和室外抹灰之间先内后外,先外后内和内外平行搭接的顺序方案。具体实施一般根据施工条件、工期要求及气候变化情况而定,如往往采用"晴天抢室外,雨天抓紧做室内",以利于组织和安排劳动力,确保工程进度免受天气影响。

第二篇　工业建筑构造

　　用于进行工业生产的建筑叫工业建筑,如工厂中各个车间所在的房屋就是典型的工业建筑。工业建筑具有建筑的共性,在设计、施工、用材等方面与民用建筑具有许多共同之处。

　　工业生产是按照生产工艺进行的。不同工业生产由于在产品、规模、条件等方面存在着差异,它们所依据的生产工艺也是不同的。为了保证生产的顺利进行,生产工艺对工业建筑有许多特殊要求,从而使工业建筑具有许多独特之处。

　　为了满足生产的要求,厂房内一般都设置体积庞大而笨重的机器设备和起重运输设备。为了保证生产的连续性和适应变更生产的灵活性,工业建筑平面面积、柱网尺寸、空间高度都比较大。工业生产要求厂房结构能承受很大的静、动荷载,承受强烈的振动和撞击力。这些不但增加了结构设计的难度,而且也使厂房结构构件变得体积大而笨重,对施工安装技术与条件提出较高的要求。

　　工业生产会散发大量的余热、烟尘、有害气体,要求厂房建筑具有良好的通风条件。工业生产有时会排放大量腐蚀性液体,这不但要求提供快捷畅通的排泄条件,而且要厂房建筑的相应部分具有抗腐蚀的能力。工业生产要观察识别各种不同大小和色彩的物体及其细部,这要求厂房建筑提供良好的采光条件。工业生产会产生很大的噪音,要求厂房建筑具备一定的降低噪音、隔绝噪音的能力。某些厂房内要保持某种生产条件,如保持一定的温度、湿度、防尘、防振、防爆、防菌、防射线等,这些都要求厂房建筑采取相应的构造措施。厂房建筑屋面面积大,积水量多,对屋面的排水防水构造处理提出很高的要求。工业生产需要设置各种技术管网,如上下水道、热力管道、压缩空气管道、煤气管道、氧气管道和电力线路,还需要考虑提供运输工具通行条件,以满足生产时大量原料、加工零件、半成品、废料、成品等的运输,这些都要求工业建筑在构配件的设置上和构造处理上进行相应的配合。

　　工业建筑种类很多,按层数可分为单层工业厂房、多层工业厂房和层数混合工业厂房三种。单层厂房主要用于冶金、机械制造和其他一些重工业生产。主要是因为这些工业的生产设备、材料、半成品、成品都比较笨重,运输要用汽车、火车,采用单层厂房容易满足生产和内部运输要求,也容易解决通风采光等方面的问题。多层厂房大多用于精密仪器制造、化学、电子、食品等工业生产。主要是因为多层厂房容易实现这些生产所要求的洁净、防尘、抗震、恒温、恒湿等要求;同时这类生产的原料、半成品、甚至成品体积小、重量轻,生产工艺紧凑,垂直运输轻便宜行,适合于自动化运输,将它们安排在多层厂房内也不致造成结构不合理,而且可以节省用地。层数混合厂房主要用于某些有特殊要求的生产车间。按厂房内部生产状态的不同来分有冷加工厂房、热加工厂房、恒温恒湿厂房、洁净厂房、其他特种状况厂房。冷加工厂房内适宜进行在常温和正常湿度下进行生产,如金属机械加工、装配。热加工厂房主要用于散发大量余热、烟尘、有害气体等的生产,如铸造、热锻、冶炼、热轧,这类厂房应注意解决通风、散热、排烟、除尘。恒温、恒湿厂房用于要求在稳定的温、湿度条件才能进行的生产,如集成电路、医药粉针剂等的生产。这类厂房要求采取特殊的密闭与隔离构造措施,防止大气中的灰尘及细菌对生产过程和产品造成污染。特种状况的厂房,指经过特殊的结构、构造处理后能用于特殊生产的厂房。这些特殊生产主要是指有爆炸可能性,或有大量腐蚀性物质,或有放射性物质产生,或有防微振、高度隔声、防电磁波干扰等特殊要求的生产。

第一章　单层工业建筑构造

第一节　单层工业建筑结构类型和结构组成

一、单层工业厂房结构类型

在建筑中,由支承各种荷载的构件所组成的骨架称结构。建筑的坚固、耐久主要是靠结构构件连接组合在一起,组成一个有效的结构空间来保证的。

单层厂房结构按材料可分为混合结构、钢筋混凝土结构和钢结构三种。混合结构厂房由砖柱和钢筋混凝土大梁或屋架组成,也可以由砖柱和木屋架、轻钢屋架、钢筋混凝土与钢材组合而成的组合屋架组成。混合结构构造简单,但承受荷载的能力和抵抗振动的能力较差,一般适用于小型厂房。钢筋混凝土结构厂房的受力骨架——柱、屋架或大梁全部由钢筋混凝土制作,并且一般均为预制然后吊装装配而成。这种结构坚固耐久,与钢结构相比可降低钢材用量,造价较低;与混合结构相比,承受荷载的能力强,整体空间刚度好,抗振能力强,应用非常广泛。但它自重大,对施工机械的要求高,施工技术复杂,抗振性能不如钢结构。钢结构的主要承受荷载构件——柱、屋架或大梁全部用钢材制作。这种结构承受荷载的能力强,抗振性较好,与钢筋混凝土相比构件重量轻,施工速度快并不受季节影响,主要用于大型厂房。但钢结构容易锈蚀,耐火性能较差,在使用时要注意采取相应的防护措施。钢结构的建筑造价高,这也是一般厂房所难以承受的。

按结构的支承方式不同来分,单层厂房有承重墙结构与骨架结构两种。承重墙结构厂房的外墙为承重墙,一般为砖墙或带壁柱砖墙,水平承重构件为钢筋混凝土屋架、钢木轻型屋架,这种结构构造简单、经济,施工方便,适用于小型的没有振动的厂房。骨架承重厂房的承重体系大多由横向受力骨架及纵向联系构件组成。横向受力骨架由钢材或钢筋混凝土制作,主要由柱、屋架或屋面大梁及基础组成。纵向联系构件为沿厂房纵向设置的屋面板(或檩条)、连系梁、吊车梁等构件,它们保证了横向承重骨架的稳定性和承受传递荷载的有效性。钢筋混凝土骨架承重结构是应用最广泛的一种厂房结构类型。为了提高建筑工业化水平,钢筋混凝土骨架承重结构厂房的设计和施工都大量采用标准图集所提供的结构构件及建筑配件。

二、单层工业厂房结构组成

由于目前广泛采用钢筋混凝土横向受力骨架作为单层厂房的结构,下面仅对这种结构的组成进行介绍。

钢筋混凝土横向受力结构单层厂房的结构骨架主要由基础、柱、屋盖、支撑等组成,如图2-1-1所示。当厂房内部因起重运输需要而设置梁式或桥式吊车时,还有吊车梁。由上述构件组成的空间结构体系就形成了单层厂房的结构。为了保证厂房结构牢固、安全、可靠,必须做到下述两点。第一点是组成结构的各个构件必须具有足够的承受荷载的能力、抵抗变形的能力,维持稳定的能力;第二点是由构件相互连接所形成的空间结构体系必须具有足够的整体性,足够的整体承受与传递荷载的能力,足够的整体抵抗变形的能力,足够的维持整体稳定的能力。

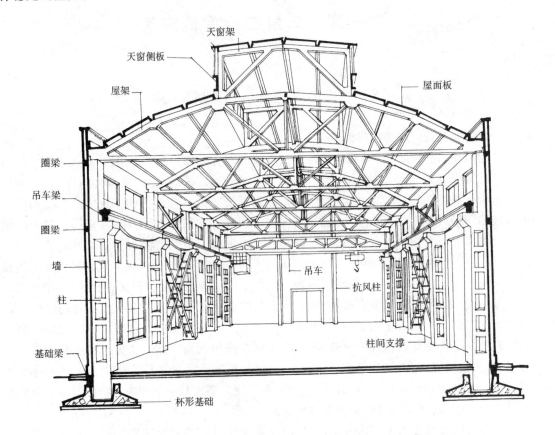

图 2-1-1 单层工业厂房结构组成

单层厂房钢筋混凝土预制构件相互间大多以电焊连接。

（一）基础

一般为钢筋混凝土现浇独立杯形基础,承受柱和基础梁传来的荷载,并将这些荷载传给地基。

（二）柱

一般为钢筋混凝土现场预制。这主要是因为单层厂房柱身很高,如要现浇,支模、绑扎和浇捣钢筋混凝土十分困难;如要工厂预制,运输时需要道路具备很大的转弯半径才能实施运输时方向变换的需要,这是不现实的。柱分承重柱和抗风柱两种。承重柱沿厂房纵向设置,抗风柱设在山墙内侧。承重柱支承屋盖、吊车,有时还有部分墙体,并将这些部分传来的荷载传给基础。抗风柱主要承受山墙传来的风荷载,并将这些风荷载传给相邻的屋架和自己的基础,但抗风柱在任何情况下都不支承屋架。

柱与独立杯形基础以两次灌浆的方法实现固端连接。

（三）屋盖

屋盖起承重和围护双重作用。屋盖结构类型常有无檩体系和有檩体系两种。无檩体系屋盖在构造时不需设置檩条,而是通过将钢筋混凝土大型屋面板或F型屋面板(采用较少)直接焊接在屋架或屋面大梁上构成;有檩体系屋盖在构造时,首先在屋架上焊接檩条,在檩条上再勾挂轻型屋面板材。

屋盖的承重骨架——屋架或屋面大梁与承重柱以电焊焊接,实现铰接。屋盖承受的荷载传给承重柱。

单层厂房一般跨度较大,厂房中部采光通风条件较差,为了改变这种情况,在单层厂房屋盖上还设有各种形式的天窗。天窗的荷载也要由屋盖来承受。

（四）支撑

由于单层厂房生产连续的需要,内部一般不设墙体,单层厂房本身又很高大,因此单层厂房室内空间高大空旷。为了降低技术复杂程度、减少钢材用量、方便施工,单层工业厂房构件之间一般多以电焊形成铰接。仅仅由柱和屋盖难以构成整体性好、空间刚度大、安全可靠的空间受力骨架,为此,单层工业厂房必须设置支撑。单层厂房利用支撑保证结构的几何稳定性,保证结构体系的空间刚度和整体性,为受压杆件提供侧向支点,承受和传递纵向水平荷载(如风荷载等),保证结构在安装过程中的稳定性。

单层厂房支撑分柱间支撑和屋盖支撑两大类,大多以型钢制作,与承重柱和屋盖有关构件(主要是屋架)以电焊连接。

（五）围护结构

在我国大部分地区及绝大多数单层厂房都设置围护结构,以便为室内提供良好的生产条件。围护结构主要由墙(包括墙上开设的窗——一般称侧窗及大门)、墙梁(也称联系梁)、圈梁、基础梁、抗风柱等组成。

1. 墙

单层厂房一般只设外墙,外墙包括纵墙和横墙。工业厂房的外墙通常为砖砌自承重墙,承受自身的重量和风荷载。墙承受风荷载后将风荷载传给柱子。砖墙下部支承在基础梁上。在某些工程中,也采用将钢筋混凝土预制墙板焊接或勾挂在钢筋混凝土柱上以代替砖墙。砖墙与柱以锚拉筋连接。

2. 抗风柱

单层厂房砖砌山墙的连续长度比较大,在风荷载作用下,山墙自己难以取得必要的稳定性和空间刚度——将被风吹坍。山墙部位必须设置依扶构件——抗风柱。

3. 基础梁

基础梁为预制钢筋混凝土梁,其两端简支在柱的杯基头颈上——基础梁底与地基土之间必须空开一定的竖直距离。砖墙砌筑在基础梁上。这样做的结果使砖墙的荷载通过基础梁传给杯基,而柱也将荷载传给杯基,从而使砖墙和柱的沉降都由杯基来控制,保证墙、柱沉降统一,避免因不均匀沉降造成建筑破坏。

4. 圈梁

现浇钢筋混凝土圈梁的作用在于它将柱紧紧箍住,从而维护和加强单层厂房的整体性和必要的空间刚度。圈梁设在砖墙中,至少必须在柱顶和吊车梁高度附近各设一道,圈梁与钢筋混凝土柱以插筋连接。

5. 连系梁

连系梁是柱与柱之间的水平连系构件,可设在墙内也可不设在墙内,设在墙内的有时也被称为墙梁。连系梁可以承受墙体荷载,也可以不承受墙体荷载而仅起连系作用。连系梁以钢筋混凝土预制。连系梁与柱可依不同情况分别以电焊、螺栓连接或用钢筋拉结

（六）吊车梁

梁式吊车或桥式吊车的钢制车身要支承在吊车梁上。吊车梁支承在承重柱的牛腿上,与柱焊接形成铰接。吊车梁承受吊车荷载,并将这些荷载传给承重柱。吊车梁大多以钢筋混凝土预制。

第二节　基础及基础梁

一、基础

单层厂房基础位于厂房结构的最下部,埋在土中,它承受上部结构传来的全部荷载,并将这些荷载传给地基。基础是厂房结构的重要组成部分。

在地质条件许可的情况下,目前单层厂房大多采用钢筋混凝土现浇独立杯形基础。如图 2-1-2 所示。

为了便于施工放线、改善基础施工条件和保护钢筋,在独立杯基底部通常要铺设 C7.5～C10 混凝土垫层,垫层厚度为 100mm,为了保证混凝土质量,在混凝土垫层和基坑底素土夯实之间往往还铺设碎石层。独立杯基所用的混凝土一般不低于 C15,受力钢筋采用 I 级钢筋或 II 级螺纹钢置于底板中。独立杯基颈项部位做出杯口,以后钢筋混凝土预制柱就插放在杯口内。为了便于柱的安装,杯口尺寸应大于柱的截面尺寸,杯口顶应比柱每边大 75mm,杯口底比每边大 50mm。柱吊装插入杯口后,周边尚有空隙,此空隙在柱位置校正并临时固定后用细石混凝土分两次灌实,这种做法一般被称为两次灌浆,用这种方法实现的钢筋混凝土预制柱和现浇独立杯基的连接被认为是固端连接。为了保证切实形成固端连接,除要使两次灌浆的细石混凝土做到密实外,杯口还要有足够的深度,以保证柱下端在杯口内有足够的插入深度。这个插入深度一般按结构要求,根据柱的受荷情

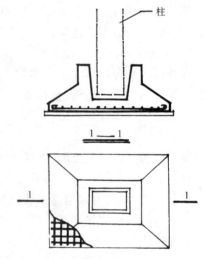

图 2-1-2　独立杯形基础

独立杯形基础一般只在底板内配置钢筋。杯形独立基础适用于柱距和跨度较大、土质均匀、地基承载能力较高的单层厂房。

况和柱身长度来决定。为了便于预制装配工程控制标高,在设计和制作独立杯基时,柱底面和杯口底面之间要预留 50mm 的距离。在柱吊装前,实测预制柱的长度和杯口底面的实际标高,根据吊装后控制柱顶和牛腿面准确标高的需要,计算出柱底面标高和未安插柱以前杯口底面标高的差值,并在杯口用细石混凝土(差值较大时)或干硬性水泥砂浆(差值较小时)将这一差值高度填实。这在习惯上也称为杯底找平。钢筋混凝土独立杯基底板和杯壁厚度应不小于 200mm,以防被柱剪切和挤压破坏。为了保证柱和杯基连接可靠,基础内表面应尽量毛糙一些。在地质情况许可,考虑基础埋深时,应使杯口顶面比室内地坪低 500mm。这时杯口顶面标高为 -0.50m。这样杯口上搁置基础梁(基础梁高常为 450mm)后,基础梁

上表面比室内地坪面低50mm,地坪做好后,基础梁被保护在地坪面下部,免遭车辆等工具辗压撞击破坏,而且使砌墙用砖达到最少数量。但是基础本身的高度是由结构计算确定的,基础的埋置深度要根据建筑物、工程地质以及施工技术等多方面的因素综合考虑后确定的,尽管一般要求满足将基础底面设置在良好的地基持力层上的前提下,基础尽量浅埋。但有时由于地表下土层厚薄变化,局部区域地质条件变化大以及相邻设备的基础埋置较深等原因,而要求部分杯基埋置深些;有时地基持力层离开地面较深,而要求将全部杯基埋得较深,这样杯口顶面就离开了-0.50m处。杯口顶面落深后,基础梁的顶面标高仍旧要维持在-0.05m处。

单层厂房内,由于生产的需要,要安放各种机械设备,这些设备下面也需要设置独立的混凝土现浇基础,这种独立基础一般称设备基础。有些厂房内为满足铺设管线或供、排液体物质的需要还设置地沟,有时为安放一些设备还设置地坑。地沟、地坑底板下一般设置C10层及碎石垫层即可。一般情况下,要求设备基础的埋深和地坑、地沟的底板埋深最好浅于建筑柱下基础。如果做不到这一点应力争使设备基础及地坑、地沟的底板与基础保持一定的距离,以保证在施工挖土时不破坏建筑独立杯基下的原始土层,并避免柱独立杯基下的地基和设备基础、地沟、地坑下的地基产生应力叠加而引起意外不均匀沉降。如果上述两点难以实现,就需要将有设备基础、地沟、地坑处的柱下基础埋到较深的部位去。

当上部结构荷载较大,而地基承载力又较小,如采用独立杯形基础,由于杯基底面积过大,致使相邻基础距离很近时,则可采用条形基础;如果地基土的土层构造复杂,为了防止基础的不均匀沉降,也可采用条形基础。此时条形基础仍为钢筋混凝土现浇,在对准柱的位置设置插柱杯口。

无论是独立杯基还是带杯口的条形基础,它们的底板下都可以根据工程需要选用设置各种类型的桩。

二、基础梁

基础梁的截面形状常为倒梯形,上表面的宽度视墙厚而定。当墙厚为240mm时,梯形梁上表面宽度为300mm;当墙厚为370mm时,梯形梁上表面宽度为400mm。

当地基情况比较理想,杯基杯口顶面标高为-0.50米,基础梁就直接搁置在杯口顶面上;当工程地质情况不理想,杯基杯口顶面距室内地坪大于500mm时,可设置C15混凝土垫块搁置在杯口顶面,基础梁再搁置在垫块上,以便使基础梁顶面标高为-0.05米;当杯形基础埋得很深时,也可设置高杯口基础或在柱上设牛腿来搁置基础梁,以便使基础梁顶面处于比室内地坪面低50mm的位置上,如图2-1-3所示。

基础梁底回填土一般不作夯实处理,基础梁底面与回填土顶面之间留100mm以上的空隙,以保证基础梁随柱基础沉降后也不与回填土接触,以便维持基础梁的简支正梁受力状态。

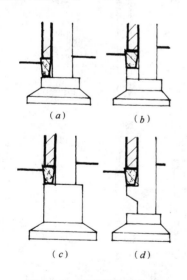

图 2-1-3　基础梁搁置方式

(a)搁在一般杯基的杯口上;(b)搁在混凝土垫块上;(c)搁在高杯口基础顶面;(d)搁在柱牛腿

上述变化有一点是共同的:保证基础梁的上表面比室内地坪面仅低50mm。

第三节 柱

一般单层工业厂房大多采用钢筋混凝土现场预制柱,预制工作通常在杯基边进行。只有当厂房跨度和吊车起重量都比较大的大型单层厂房才采用钢柱。

单层工业厂房的柱分承重柱与杭风柱两种。承重柱的顶部支承屋盖;在有吊车的厂房中,承重柱在高度的一定部位还设牛腿用于搁置吊车梁,承受吊车荷载;高度大的单层厂房,在承重柱外侧还设牛腿以搁置和支承联系梁,联系梁上再砌筑外墙。承重柱承受着大量建筑荷载,是单层厂房结构体系中的主要承重构件。从厂房的纵向(即厂房长向)来看,与外墙相连的承重柱为边柱;处于厂房中间的柱子叫中柱。而从厂房的横向(即厂房短向)来看,与山墙邻近的承重柱为端部柱,其余的承重柱则被称为中部柱。

当承重柱上设置搁吊车梁的牛腿时,称柱牛腿面以上的部分为上柱,牛腿面以下的部分为下柱。

一、柱的分类

从形式来看,钢筋混凝土柱基本上可分为单肢柱和双肢柱两类。单肢柱有矩形断面柱、工字形断面柱、管形断面柱等;双肢柱有平腹杆双肢柱、斜腹杆双肢柱、双肢管柱等多种,如图 2-1-4 所示。

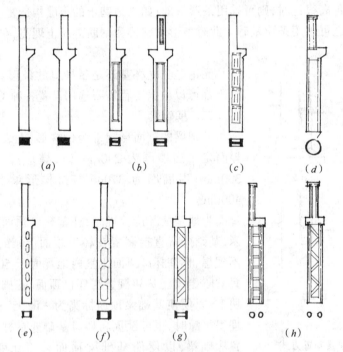

图 2-1-4 柱的形式

(a)矩形柱;(b)工字形柱;(c)预制空腹板工字形柱;(d)单肢管柱;
(e)双肢柱;(f)平腹杆双肢柱;(g)斜腹杆双肢柱;(h)双肢管

柱的形式主要是根据下柱的截面不同来区分的。柱截面形状与尺寸是根据单层厂房跨度、高度、柱距及吊车起重量等通过结构计算合理确定的。构造的需要也是确定柱截面的重要依据。

上图 a.b.h 中左边的柱子及 c.d.e 所示的柱子均为边柱;其余的柱子都是中柱。

98

矩形断面柱外形和构造简单,施工方便,节省模板。由于单层厂房柱下端与杯基刚性连接,从受力性能来说,此时柱尤如朝天延伸的悬臂,为受弯构件。矩形断面柱断面受力方向的边缘处于受拉或受压的作用,受荷载作用影响大;而断面腹部中和轴部位,既不受拉又不受压,受荷载作用影响不大。但矩形断面却在整个断面范围内用同样多的混凝土,这显然是不合理的。因此矩形断面柱未充分发挥材料的承载能力、多耗材料,自重大,不经济。矩形断面柱只适用于断面高度小于等于600mm的柱子。因为这种柱子断面高度小,改变断面形状以节省材料的潜力不大,如过分追求减少材料用量,反而会引起劳动力等消耗的增加,引起总造价升高。

当柱断面高度超过600mm时,一般将矩形截面腹部的混凝土挖掉形成工字形断面柱。工字形断面柱使用材料比矩形断面合理,受力性能及整体性都比较好,自重也比矩形断面柱大大减轻,目前被广泛采用。但工字形断面柱浇捣混凝土不方便,混凝土不易浇灌密实,同时在运输和吊装过程中,工字形翼缘也容易被碰坏。为了加强柱在吊装和使用时的整体刚度和防破坏的能力,在工字形断面柱与吊车梁、柱间支撑连接处、牛腿下部、柱顶部、柱下脚处均做成矩形断面。

尽管工字形断面柱的断面腹部为腹板,比矩形断面柱合理,但腹板的主要作用是保证断面两翼缘间维持足够的间距以保证受力必要的断面高度而充分发挥翼缘的低抗荷载作用的能力。如果在两翼缘之间用杆件代替腹板——即设置腹杆,不但可以照样保持两翼缘的必要受力距离,而且还可以进一步减少混凝土用量。这时称两翼为两肢,柱就成为双肢柱。而双肢柱与单肢柱(矩形断面柱、工字形断面柱)相比,受力性能更好,材料使用更为合理,经济效果更好。但双肢柱的模板和钢筋更为复杂,浇捣混凝土更为困难,整体刚度也不如工字形断面柱。双肢柱的腹杆可以水平设置,也可以倾斜设置。腹杆水平设置的双肢柱被称为平腹杆双肢柱;腹杆倾斜设置的双肢柱被称为斜腹杆双肢柱。由于斜腹杆双肢柱在形状方面有较好的几何稳定性,因而斜腹杆双肢柱具有更好的受力性能,但施工制作更为复杂和困难。

管形断面柱在受力性能和使用材料上都具有很大的优势,但由于构造复杂,构件本身的节点难以完美实施,因而在实际工程中很少使用。

二、柱的预埋件

单层厂房预制钢筋混凝土柱除了按结构需要设置柱内钢筋外,还根据柱与其他构件连接的需要设置预埋件,以实现可靠连接,如柱与屋架、柱与吊车梁、柱与连系梁或圈梁、柱与墙、柱与柱间支撑等相互连接处均设有预埋件,如图2-1-5所示。

单层工业厂房的承重柱间距(即非受力方向的距离,一般称柱距)现在绝大多数情况下为6m;而抗风柱的间距可根据工程具体情况取6.0m或4.5m。

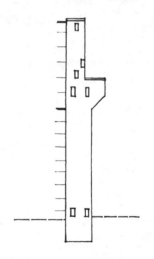

图2-1-5 钢筋混凝土
预制柱预埋件

柱上预埋件分钢板、钢筋、螺栓三种。钢筋预埋件用于与砖墙或圈梁连接;钢板预埋件用于屋架、吊车梁、柱间支撑连接,螺栓预埋件用于与钢筋混凝土墙板、连系梁连接。

为了使抗风柱与其相邻屋架能正常地起作用,抗风柱与屋架的连接构造必须满足两点要求:一是水平方向抗风柱与屋架应有可靠的连接,以保证有效地传递风荷载;二是在竖向应使屋架与抗风柱之间有一定的相对竖向位移的可能性,以防止抗风柱与屋架沉降不匀时屋架压在抗风柱上造成破坏。根据以上要求,抗风柱与屋架之间一般采用竖向可移动变化、水平方向又具有一定刚度的"╭"形弹簧钢板连接,同时屋架下弦底面与抗风柱下柱顶端留出150mm空隙。当厂房沉降较大时,则宜采用螺栓连接,此时螺栓孔设为竖向长圆孔,供抗风柱与屋架不均匀沉降时,螺栓滑动移位用。一般情况下,抗风柱顶与屋架上弦连接,以便抗风柱将风荷载传给屋架后,部分风荷载由屋架传给焊接的屋面板或檩条,以便依次向远端传递。当屋架设有下弦横向水平支撑时,则抗风柱可与屋架下弦相连接,作为抗风柱的另一个支点。由于抗风柱要与屋架上下弦连接,为了使屋架杆件受力简单而单纯,抗风柱的位置都尽可能定在对准屋架上下弦节点处。抗风柱与屋架连接如图2-1-6所示。

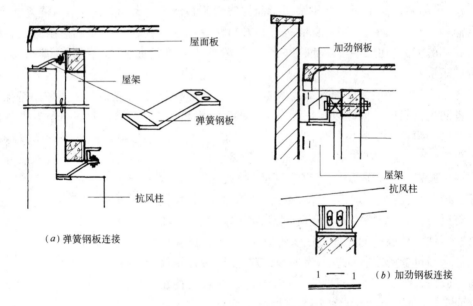

图2-1-6　抗风柱与屋架连接
在具体工程中,大多采用弹簧钢板连接。

第四节　屋　　盖

　　单层工业厂房屋盖结构形式可分为有檩体系和无檩体系两种(如图2-1-7所示),两者的区别在于构造屋盖时是否采用檩条。屋盖的构件分为覆盖构件和承重构件两类。覆盖构件指大型屋面板、F型屋面板或檩条、小型屋面板与瓦等;承重构件指屋架或屋面大梁。

　　为了解决厂房中部的采光通风问题,在屋盖上还开设天窗;为了解决厂房屋面防水、保温、隔热问题,在屋盖覆盖构件上还设置防水层或进行防水处理,还设置保温层、架空隔热层。

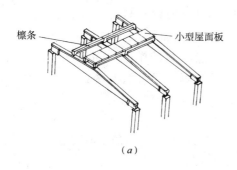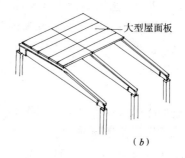

檩条　小型屋面板　大型屋面板

（a）　（b）

图 2-1-7　屋盖结构形式

（a）有檩体系；（b）无檩体系

　　在构造有檩体系时先将檩条焊接在屋架上，再在檩条上勾挂小型屋面板或大型瓦片而构成屋盖，小型屋面板或大型瓦片构件尺寸相对较小而显得零碎，由于与檩条是勾挂连接，不免显得松松跨跨，整体性不强。在无檩体系屋盖中，大型屋面板、F型屋面板实际上是板檩合一、刚度很大的构件。大型屋面板、F型屋面板直接焊在屋架或屋面大梁上，用这种方法形成的屋盖很显然刚度大、整体性比有檩屋盖好。因此在工程中，只有小型的无振动的厂房才用有檩体系屋盖。

一、屋盖承重构件

（一）屋架

　　屋架承受屋面荷载，是屋盖部分的承重骨架。屋架两端底部和承重柱顶表面设预埋件，电焊后由屋架和柱构成厂房承重骨架。屋架一般为钢筋混凝土现场预制，只有跨度很大的重型车间或高温车间才考虑采用钢屋架。屋架的跨度有 9.0、12.0、15.0、18.0、24.0、36.0m 几种，在特殊情况下，根据工程需要也可以采用 21.0、27.0、30.0m 跨度的屋架。

　　目前钢筋混凝土屋架从杆件受力特征来看有桁架式屋架和拱形屋架两种。桁架式屋架由上弦杆件、下弦杆件和腹杆组成。杆件相连的节点在施工时作整体连接处理，而在力学计算时按铰节点处理。这样如果屋架两端简支，屋面荷载作用在铰节点上，屋架所有杆件分别处在受拉（如下弦杆件）、受压（如上弦杆件）、不受荷载作用影响（如少量腹杆）的有利状态。桁架式屋架的外形有三角形、梯形、拱形、折线形等几种。屋架的外形对其杆件内力分布影响很大，如图 2-1-8 所示。

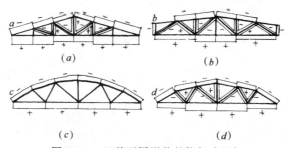

（a）　（b）

（c）　（d）

图 2-1-8　四种不同形状的桁架式屋架

（a）三角形屋架；（b）梯形屋架；（c）拱形屋架；（d）折线形屋架

　　上图表示在同样的屋面均布荷载作用下，同样跨度和矢高的屋架，它们杆件轴向力大小分布情况和轴向力符号（"＋"为拉力，"－"为压力）。从图中可知三角形屋架上下弦杆件受力不匀，近屋架两端大；梯形屋架上下弦杆件受力也不匀，近跨中杆件受力影响大；折线形屋架的上弦杆件受力有三角形屋架的特点：两端大，中间小，下弦杆件受力有梯形屋架的特点：两端小，中间大。这些屋架杆件受力影响不一样，但由于施工工艺的限制，在制作时用材多少又是一致的，造成材料浪费。从受力来说，由于拱形屋架是按照在均布荷载作用下，两端简支梁的弯矩图来设置外形的，因而可以做到使其杆件内力均匀一致，使用材料合理。

在工程中,选用三角形屋架来构造跨度不是很大的坡形屋盖,三角形屋架跨中高度较大,稳定性不好;选用梯形屋架来构造坡度较平缓一些的屋盖,梯形屋架两端高度较大,稳定性不足。拱形屋架杆件受力影响分布均匀,充分发挥材料的作用,但由于外形呈曲线形,制作非常困难,只用在一些跨度很大的厂房中。折线形屋架是吸取上述三种屋架的优点而出现的一种改良形屋架。

拱形屋架可分为三铰拱屋架和两铰拱屋架两种,如图 2-1-9 所示。其中三铰拱屋架制作更为方便。拱形屋架的综合性能不如桁架式屋架,尤其是它们的侧向刚度和整体性很差,只能用在跨度不大且没有振动的厂房建筑中。

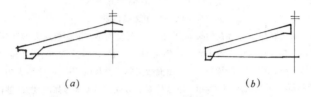

图 2-1-9 拱形屋架

(a) 两铰拱屋架;(b) 三铰拱屋架

拱形屋架的主要优点是杆件少、构造简单、制作方便、用料较省、自重轻。缺点是整体刚度很差。

为了与屋面排水方式相适应,屋架上弦端部分别设计成与自由落水、外檐沟及内天沟相配套的三种端部形式,以配合焊接各种檐口板或天沟板,简化房屋檐口和中间天沟的构造,做到定型统一,施工方便,具体情况如图 2-1-10 所示。

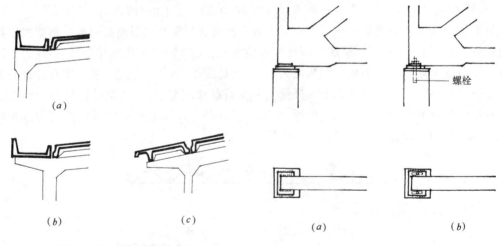

图 2-1-10 屋架端部形式

(a) 内天沟式;(b) 外檐沟式;(c) 自由落水式

屋架外伸悬臂,方便了排水构造,但加大了屋架的长度,增加了施工吊装的难度。

屋架与柱的连接方式有直接焊接和先用螺栓临时固定后再焊接两种,如图 2-1-11 所示。目前大多采用直接焊接法施工。

图 2-1-11 屋架与柱连接

(a) 直接焊接;(b) 螺栓焊接

采用直接焊接法必须及时进行校正和电焊,操作间歇时间少,不同工种必须在很少的操作面上紧凑交叉作业,有时会有紧张感。采用先由螺栓临时固定后再电焊的方法,得到了作业间歇时间,但螺栓的预埋件加工比较麻烦,而且屋架就位吊装时容易将柱顶螺栓撞坏,造成工程事故。

（二）屋面大梁

用梁来跨越水平距离这是工程中普遍采用的方法。当跨越的距离在9m以下时，为了维持梁的稳定和确保梁的侧向刚度，梁断面宽度一般做得比较大，这种梁被称为普通梁。但当跨度达到9m以及9m以上时，为了节省材料和减轻梁的自重，就将梁的断面宽度减薄，这时梁的腹部相对于高度来说显得很窄，工程上一般称薄腹梁。屋面大梁就属于薄腹梁，其跨度有9.0、12.0、15.0、18.0m几种；断面有"T"形和"工"字形两种。当跨度在18.0m以上时，再做薄腹梁就显得用料太多，自重太大，经济性差，这时就要采用屋架。屋面梁断面有"T"形和"工"字形两种。为了提高梁的抗裂能力，减轻自重，节省材料，一般常采用预应力钢筋混凝土工字形薄腹屋面梁，屋面大梁如图2-1-12所示。

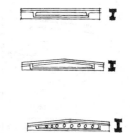

图2-1-12 屋面大梁

与屋架相比，屋面大梁形式简单，制作和安装方便，梁高度较小，因而重心低、稳定性好。屋面大梁以钢筋混凝土在现场预制，与柱采用焊接连接，形成铰接。

二、屋盖覆盖构件

（一）无檩体系屋盖覆盖构件——大型屋面板和F形屋面板

1.大型屋面板

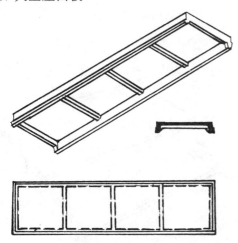

图2-1-13 大型屋面板

大型屋面板一般在工厂用钢模预制。

大型屋面板又称预应力钢筋混凝土大型屋面板，常用板型尺寸为1.5×6.0m，横断面为槽形。大型屋面板沿长边有两根主肋，主肋高240mm，与主肋方向垂直有次肋，次肋高120mm，主次肋相连接形成框格。主次肋间的薄板称腹板，厚25mm。大型屋面板具体情况如图2-1-13所示。

大型屋面板底部四角各设一块预埋铁件，供屋面板与屋面大梁或屋架焊接之用。为了保证屋盖获得必要的整体性以及屋架能获得必要的稳定性，大型屋面板必须与屋面大梁或屋架充分焊接，力争四角都焊，从而实现四个焊点。但由于电焊工艺的限制，要让每块大型屋面板都有四个焊点是不可能的，一般要求，在万不得已的情况下，一块屋面板也应该有三个角点与屋面大梁或屋架焊牢。大型屋面板与屋面大梁、屋架的焊接如图2-1-14所示。

大型屋面板之间的缝隙用不低于C15的细石混凝土填实，以加强屋盖的整体性和刚度。为了达到这一目的，细石混凝土填嵌必须密实，并与屋面板紧密连接。

2.预应力钢筋混凝土"F"型屋面板

"F"形屋面板也是一种预应力钢筋混凝土带肋板，板长也为6.0m，由于其断面形状为"F"，故一般被称为"F"形屋面板。它的特点是沿板的一条长边有一短的悬伸带，以这一悬

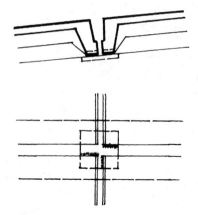

图 2-1-14　大型屋面板与
屋面大梁、屋架的焊接

伸带实现屋面上相邻板纵向的搭盖解决板缝间的防水问题,所以可不作另外的防水处理,当然横向板缝和屋背缝要加设盖瓦。这种防水做法叫构件自防水。"F"型屋面板也为工厂预制构件,它刚度好,构件安全度大;但板缝易出现爬水和飘雨现象,搭接处有缝隙,甚至会出现飘入灰尘的现象。而且板上三边设翻边,一边设挑边,翻边,挑边在运输和吊装过程中容易损坏;板除肋以外,其他部分很薄,保温隔热能力很差,用在工业厂房中设保温隔热层又比较困难,因此一般用于非保温隔热及防水要求不高的厂房。F型屋面板如图 2-1-15 所示。

由于大型屋面板主肋高 240mm,两块大型屋面板相邻,两主肋间形成深 240mm 的缝隙。在这个缝隙中是难以实施电焊的。由于这个原因,在屋面大梁上表面或屋架上弦上表面的一块预埋钢板上从每块板主肋侧面焊好三块屋面板的一个角点后,第四块屋面的一个角点再放上去将无法实施电焊。

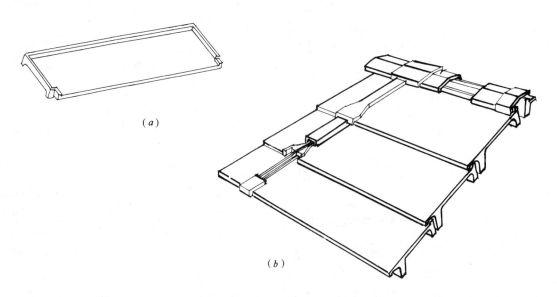

(a)

(b)

图 2-1-15　"F"型屋面板
(a)单块"F"型屋面板　(b)"F"型屋面板屋面局部
用"F"型屋面板构造屋盖能减轻屋盖重、节省材料。

　　"F"型屋面板与屋面大梁、屋架的连接方法与大型屋面板基本相同。

　　(二)有檩屋盖覆盖构件

　　1. 檩条

　　檩条用来支承轻型屋面板、瓦,并将荷载传给屋架,它搁置在屋架上,一般与屋架焊接。常用的檩条由钢筋混凝土预制,有预应力和非预应力两种,断面形状有 T 型和倒 L 型两种。在少数厂房中,当采用钢屋架时,檩条也改为以钢材制作。如图 2-1-16 所示。

104

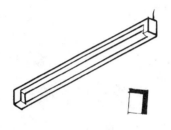
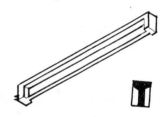

图 2-1-16 檩条

檩条长 6m,间距由所支承的屋面板、瓦的规格决定,一般可为 3m。檩条在屋架上搁置时,其上表面可以呈水平状,也可以顺着屋架上弦坡度呈倾斜布置。

2.轻型屋面板、瓦

轻型屋面板常用的有钢筋混凝土槽瓦、钢丝网水泥波形瓦、石棉瓦、玻璃钢瓦等。轻型屋面板、瓦一般用钢质扣件勾挂在檩条上。

钢筋混凝土槽瓦为轻型构件,在有檩体系屋盖中应用比较普遍。这时钢筋混凝土槽瓦支承在檩条上,上下叠搭,横缝和脊缝采用盖瓦、脊瓦封盖,起到防水作用。但钢筋混凝土槽瓦系开口薄壁构件,刚度较差,在施工过程中易被破坏。这种屋盖一般适用于对屋盖刚度与保温隔热要求不高、无振动的厂房。

(a)钢筋混凝土槽瓦

石棉瓦是由石棉纤维和水泥制成的波形瓦,规格较多,重量轻,耐火及防腐性能好,施工方便;但石棉瓦刚度差易损坏,保温隔热性能差,使用并不普遍。

(b)钢丝网水泥波形瓦

在有些工程构造有檩屋盖时也有用钢筋混凝土预制成尺寸较小(与大型屋面板相比较而言)的屋面板再焊接在檩条上的做法,但这样做施工麻烦,实际工程中采用不多。常用的轻型屋面板、瓦如图 2-1-17 所示。

图 2-1-17 轻型屋面板、瓦
两者相比钢丝网水泥波形瓦的外形尺寸要小些

三、天窗

在大跨度或多跨单层厂房中,为满足天然采光与自然通风的需要,常在屋盖上设置天窗。天窗种类很多,主要有上凸式天窗、下沉式天窗、平天窗三种,如图 2-1-18 所示。

上凸式矩形天窗凸在厂房屋面高度以上。一般沿厂房纵向布置,为了简化构造并留出屋面检修和消防通道,在厂房的两端和横向变形缝处通常不设天窗。矩形天窗主要由天窗架、天窗屋顶、天窗端壁、天窗侧板及天窗扇等构件组成。为了改善通风效果,矩形天窗必须在天窗两侧设置挡风板形成负压区,造成拔风效果。挡风板一般为用石棉瓦勾挂在挡风支架上形成。上凸式矩形天窗两侧采光面与水平面垂直,采光较均匀,不易积灰并易于防雨,窗扇可开启满足通风要求,但需要增加专用构件、构造复杂,自重大,使厂房重心升高,造价不经济。

下沉式天窗是在拟设置天窗的部位,将屋架上弦上的屋面板移铺到屋架下弦上,从而利

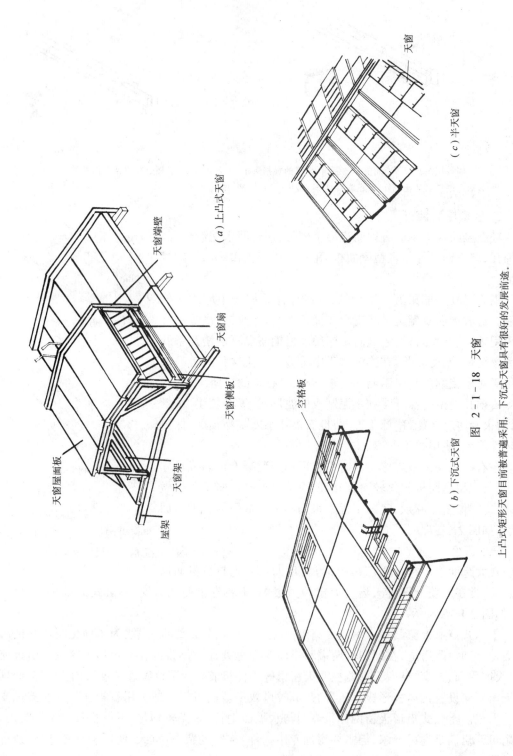

（a）上凸式天窗

天窗端壁
天窗扇
天窗侧板
天窗屋面板
天窗架
屋架

（c）半天窗

天窗

（b）下沉式天窗

空格板

图 2-1-18 天窗

上凸式矩形天窗目前被普遍采用，下沉式天窗具有很好的发展前途。

用分别处于屋架上下弦上的屋面之间的高差(即屋架腹杆处高度)设窗作为采光通风口的一种天窗。下沉式天窗又分横向下沉式天窗(沿厂房短向设置)、纵向下沉式天窗(沿厂房长向设置)和天井式下沉式天窗(按需要随机成井状设置)三种。下沉式天窗不需增设构件、重量轻、经济性较好,但构造及工艺还有待完善。

最简单的平天窗可理解为由在需设置天窗的部位不用大型屋面板,而以透光板材代替而成的天窗。平天窗布置灵活,构造简单,造价经济;但开启不便,通风困难,易积灰影响采光。

四、屋盖排水防水

单层厂房屋面与民用建筑屋面相比,其宽度要大得多,这给厂房屋面排除雨水带来很多困难。而且屋面板采用预制装配式构造,接缝多,且受厂房内部的振动、高温、腐蚀性气体、积灰等因素直接影响,这些给屋面排水防水造成很多困难。而工业生产对屋面防水又提出很高的要求。这就使解决好屋面排水防水成为厂房屋面构造的一个重要而麻烦的问题。一般情况下,屋面的排水和防水是相互影响、相互补充的。排水组织得好,屋面没有滞留积水,能减少渗漏的可能性,减化防水的复杂性;而良好的屋面防水也会有益于屋面排水。在屋面上一般以排水为主,使雨水尽快排离屋面,注意做好防排结合统筹考虑,综合处理。单层厂房屋面排水坡度由屋面大梁或屋架的上弦坡度而定,一般比较大。单层厂房屋面排水按不同情况,可分别为自由落水、内排水、外排水。单层厂房由于进深较大,屋脊至檐部的距离往往超过9.0m,一般不适宜采用刚性防水做法。因为屋脊至檐部距离超过9.0m,如采取刚性防水做法,为避免防水层因温度变化,胀缩变形导致破裂而漏水,需设置纵向分舱缝,纵向分舱缝与水流方向垂直,这将给排水与防水处理带来很大困难。单层厂房大多采用卷材防水,一般采用二毡三油做法。当坡度小于3%或防水要求较高时,则宜采用三毡四油做法。少数单层厂房也作构件自防水处理。构件自防水的实质是利用屋面板防水,也即屋面板恰当安置后,屋面不再用材料另设防水层。构件自防水屋面的屋面板有钢筋混凝土"F"形板、钢筋混凝土槽瓦板以及波形瓦、钢筋混凝土大型屋面板。构件自防水屋面是利用屋面板本身的密实性和抗渗性来达到防水作用,至于板与板之间的缝隙则靠嵌缝、贴缝或搭盖来解决防水问题。如用钢筋混凝土大型屋面板在少雨水地区构造构件自防水屋面时,板间缝隙的底部就用细石混凝土填实,上部用油膏嵌密(嵌缝),或用油膏嵌密后再铺贴油毡盖缝(贴缝)。

五、屋盖保温隔热

采暖厂房的屋面应设置保温层。保温层可设在屋面板下、屋面板上以及采用中间夹有保温材料的夹心板。

屋面的隔热做法基本有三种:

1．在屋面的外表面涂刷反射性能好的浅色材料,将阳光反射掉减少吸收以达到隔热目的。

2．设隔热层,其构造和做法与保温层基本相仿。

3．架空隔热:一般做法为:在屋面上砌180～300mm高砖墩,在砖墩上铺钢筋混凝土薄板。架空钢筋混凝土板遮挡了太阳辐射热,间层内流动的空气又带走热量,这种方法构造简单、施工方便、效果可靠。

第五节　圈梁和支撑

由于单层厂房高大空旷,大量节点又为铰接,建筑松垮且极易变形,必须设置圈梁与支撑来加强房屋的整体性和空间刚度。

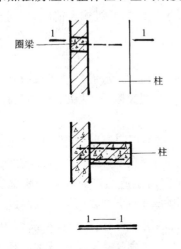

图 2-1-19　圈梁

圈梁截面宽度一般与砖墙厚相同。当墙厚大于 240mm 时,不宜小于 2/3 墙厚,截面高度不小于 120mm,通常为 120~240mm。

一、圈梁

单层厂房设置圈梁后,圈梁将墙体同厂房排架柱、抗风柱等箍在一起,以达到加强厂房的整体刚度,减少和防止由于地基不均匀沉降或较大振动荷载等引起的对厂房不利影响。

圈梁设置在墙内,与柱的连接仅起拉结作用,它不承受砖墙的重量,所以柱子上不设支承圈梁的牛腿。圈梁一般为钢筋混凝土现浇,与柱的连接方法为:柱上预伸出 2φ12 锚拉筋,与圈梁钢筋绑扎成型并现浇成整体。圈梁的设置与厂房对刚度的要求、房屋高度及地基情况有关,一般单层厂房至少应在柱顶和牛腿面附近各设一道圈梁。为了简化构造、节省材料,圈梁应尽量和门窗洞口的过梁相结合,使圈梁过梁合二为一。圈梁的做法如图 2-1-19 所示。

二、支撑

单层厂房中,支撑联系房屋主要承重构件,以构成厂房结构空间骨架。支撑对厂房结构和构件的承载力、稳定和刚度提供了可靠的保证,并起传递水平荷载的作用。支撑对单层厂房来说虽十分重要,但并不是到处都要设置,一般情况下,只要在某些关键部位设置就足够了。支撑大多以型钢制作,与其他结构构件以电焊或螺栓连接。

支撑按设置的部位不同分为柱间支撑与屋盖支撑两种。

(一) 柱间支撑

在有吊车的厂房中,柱间支撑按吊车梁的位置作分界,分为上柱支撑(设于上柱间)与下柱支撑(设于下柱间)两种。这样设置使支撑杆件与吊车梁分离,避免支撑受吊车梁的影响。

对整个厂房来说,柱间支撑设在厂房伸缩变化区段的中央。这样设置后,当温度变化而使构件胀缩时,厂房可向两端自由伸缩,减少温度变化对构件所产生的应力对柱间支撑的影响。在我国有些地区,也有将柱间支撑设置在厂房伸缩变化区段两端的第二根与第三根柱子之间,以与屋盖支撑上下呼应协同作用。柱间支撑如图 2-1-20 所示。

柱间支撑以角钢和钢板制作,形成交叉形俗称剪刀撑。因上柱较窄,只设一片剪刀撑,下柱较宽,要设双片剪刀撑,两片支撑之间用钢缀条连接成整体。

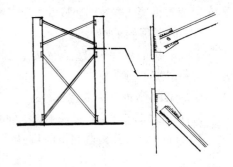

图 2-1-20　柱间支撑

设置柱间支撑所需材料不多,但作用很大。

(二) 屋盖支撑

无论是有檩屋盖还是无檩屋盖,简支在柱顶的屋架仅仅只有大型屋面板或檩条连接,这对于屋架的稳定性来说,是不够的,为了使屋盖结构形成一个稳定的空间受力体系,保证厂房的安全和满足施工要求,一般要设置必要的支撑。

屋盖支撑布置的位置、数量,选用的类型与单层厂房的柱网、高度、吊车、天窗、振动等情况有关。

屋盖部分的支撑包括屋架间的横向水平支撑,纵向水平支撑、垂直支撑、水平系杆以及天窗支撑,如图 2-1-21 所示。

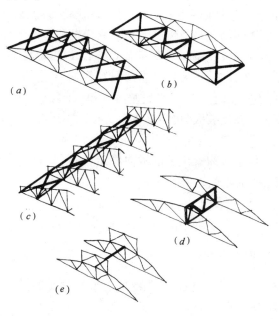

图 2-1-21 屋盖支撑

(a)上弦横向水平支撑;(b)下弦横向水平支撑;

(c)纵向水平支撑;(d)垂直支撑;(e)纵向水平系杆

上述五种屋盖支撑中,只有下弦横向水平支撑和纵向水平杆是每一幢单层厂房都必须设置的,其余支撑是否设置,由工程具体情况决定。

1. 横向水平支撑

横向水平支撑沿厂房横向设置,有设置在屋架上下弦的区分。横向水平支撑设在屋架上弦的,被称为屋架上弦横向水平支撑;当横向水平支撑设在屋架下弦时,它被称为屋架下弦横向水平支撑。屋架上弦横向水平支撑用来与屋架共同构成刚性框格,增强屋盖整体刚度,保证屋架上弦的侧向稳定。但对于无檩屋盖来说,如果切实做到屋面板与屋架有三个以上角点焊接,屋面板之间的缝以 C20 细石混凝土填嵌密实,从而能保证屋盖平面的稳定并能传递水平力(如风荷载),则认为这些构造处理能起到上弦横向水平支撑的作用,这时就不必再设上弦横向水平支撑。屋架下弦横向水平支撑能维持和加强屋架下弦的稳定性,并传递水平力(如风力)到柱上去。屋架横向水平支撑一般设在厂房温度变化区段的第二(或第一)个柱间。

2. 纵向水平支撑

单层厂房纵向水平支撑沿厂房纵向设置,将每两榀屋架的端部(上弦或下弦)沿厂房长向连续用支撑连接起来。纵向水平支撑也有设在屋架上下弦的区别,分别被称为屋架上弦纵向水平支撑和屋架下弦纵向水平支撑。纵向水平支撑保证将厂房横向水平方向厂房纵向分布,增强厂房结构空间骨架的工作能力,提高厂房刚度。纵向水平支撑的设置与厂房的跨度、跨数、高度、屋盖结构形式、吊车等因素有关。纵向水平支撑与横向水平支撑在厂房中形成封闭的支撑圈。

3.垂直支撑和纵向水平系杆

屋架水平系杆有设在屋架上下弦之分,分别被称为屋架上弦水平系杆和屋架下弦水平系杆。垂直支撑和下弦水平系杆用来保证屋架的整体稳定,以及防止在吊车工作时或发生其他振动时,屋架下弦的侧颤动。一般情况下水平系杆设在屋架下弦中部节点,但当设置上凸式矩形天窗后,水平系杆则改在屋架上弦中部节点上,以满足屋架上弦稳定的要求。水平系杆在每两榀屋架之间都要设置,它沿厂房纵向贯穿厂房纵向全长。水平系杆为钢筋混凝土杆件。当屋架跨度在18m以上时一般设置垂直支撑(在温度变化区的第二个柱间);当设置梯形屋架时,因其支座处高度较大,也需要在第二柱间的屋架端部处设垂直支撑。

4.天窗支撑

在有檩屋盖上,为了保证天窗架上弦的侧向稳定,一般设置天窗架上弦横向支撑;在天窗架端跨两侧一般都设垂直支撑。

第六节 吊车和吊车梁

一、吊车

起重吊车是目前单层厂房中应用最为广泛的起重运输设备。对厂房结构影响比较大的常见吊车为梁式吊车和桥式吊车,如图2-1-22和图2-1-23所示。

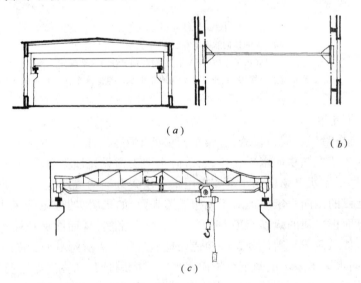

(a)

(b)

(c)

图 2-1-22 梁式吊车

(a)厂房剖面图;(b)厂房平面局部;(c)吊车立面图

梁式吊车起重量较小,一般不超过5t。

梁式吊车设置方法为:在承重柱上设牛腿。牛腿上搁置吊车梁,吊车梁沿厂房纵向设置。从厂房的一端连续设到另一端。吊车梁上安装钢轨,钢轨上设置可电动滑行的单根大

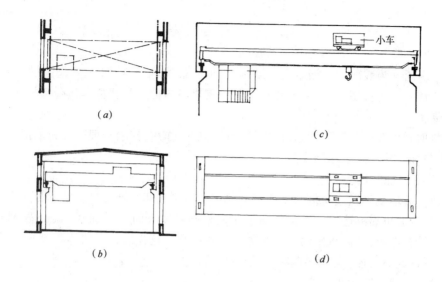

图 2-1-23　桥式吊车

(a)厂房平面图局部;(b)厂房剖面图;(c)吊车立面图;(d)吊车平面图

桥式吊车起重在 5t 以上,桥架底部一端设有司机操纵室。

钢梁。在钢梁上设置可滑行和起吊重物的滑轮组。

桥式吊车的设置方法为:在承重柱上设牛腿,牛腿上搁置吊车梁,吊车梁上安钢轨。钢轨上放置能纵向滑行的由双榀钢梁并联组成的钢桥架,钢桥架上支承小车。小车能沿桥架横向滑行,并有供起重用的滑轮组,滑轮组有升降吊钩,桥式吊车就可在整个厂房的范围内起吊运输重物了。

二、吊车梁

吊车梁主要有钢筋混凝土吊车梁和钢吊车梁两种。目前大量采用钢筋混凝土吊车梁,并且是工厂预制的。钢筋混凝土吊车梁的型式很多,按截面形式分,有等截面 T 型、工字型的;变截面的鱼腹式、析线型吊车梁,如图 2-1-24 所示。

吊车梁上设有很多预埋件和预留孔,供安装钢轨及电源支架等用。吊车梁与柱以电焊连接,如图2-1-25所示。

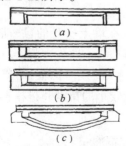

图 2-1-24　吊车梁

(a)T形截面吊车梁;(b)工字形截面吊车梁;

(c)鱼腹式吊车梁

鱼腹式吊车梁制作困难,只有在吊车起重吨位很大时才采用。但鱼腹式吊车梁按梁的弯矩图设计外形,其受力最为合理,使用材料最为经济。

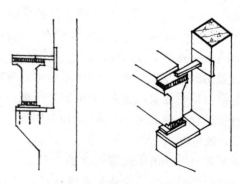

图 2-1-25　吊车梁与柱连接

吊车梁底预埋件和柱牛腿面预埋件间所设的垫板,可以用来在吊装安装时调整梁面标高用。吊车梁对头缝隙以及吊车梁侧向与柱之间的空隙均以 C20 混凝土填实。

第七节 外 墙

单层厂房通常为装配式钢筋混凝土结构,外墙一般为非承重墙,主要起围护作用,按材料类别分,有砖墙、砌块墙、板材墙等几种。其中砌块墙的构造原理基本与砖墙相同。

一、砖墙

为了争取到更多的建筑面积、充分发挥砖墙的围护作用,砖墙一般砌在钢筋混凝土柱外侧,即用墙包柱。砖墙砌在基础梁上。

(一)砖墙与柱的拉接

为了防止砖墙受到风或其他水平荷载的作用而倾倒破坏以及维护砖墙本身所需的稳定性,砖墙与柱应有可靠的连接。通常的做法是沿柱的高度方向每隔 $500\sim600$mm 外伸 $2\phi6$ 钢筋砌在砖墙灰缝内,从而将砖墙在水平方向与柱拉牢。这样做保证墙体不离开柱子,从而得到柱的依扶,同时又使自承重砖墙的重量不传给柱子。

(二)砖墙与屋架拉接

屋架上弦、下弦和屋面大梁均可采用预埋钢筋伸入砖墙灰缝;在屋架腹杆部位,可在腹杆上预埋钢板,在钢板上再焊接钢筋后将钢筋压入砖墙灰缝。

(三)山墙与屋面板的拉接

在非地震区,一般在山墙上部灰缝内沿屋面设置 $2\phi8$ 钢筋,并在屋面板的板缝中嵌入一根 $\phi12$(长为 1000mm)与山墙中的 $2\phi8$ 拉接。

(四)女儿墙与屋面板的拉接

在女儿墙的根部(与屋面板等高处)灰缝内置 $2\phi8$,在与女儿墙平行的第一道纵向板缝内置 $1\phi12$,然后用 $1\phi12$ 将上述 $2\phi8$ 与 $1\phi12$ 拉结,最后用细石混凝土将板缝灌满并捣实。

(五)连系梁

当墙体高度较大(大于 15m)即使采取了上述措施以后,一砖厚的砖墙的稳定性还是不够的,这时就在柱外侧设小型钢筋混凝土牛腿,牛腿上搁置钢筋混凝土预制连系梁,或在钢筋混凝土柱上设预埋钢板,在预埋钢板上焊接钢托架后,在钢托架上再搁置连系梁。在连系梁上砌筑上部砖墙,以减少墙的连续高度来保证砖墙获得必要的稳定性。联系梁为矩形或L形断面,与柱以电焊或螺栓连接。连系梁如图 2-1-26 所示。

在单层厂房的外墙上一般还设门开窗以满足使用要求。在墙上所开的窗一般称侧窗;所开的门常常要供通行汽车(甚至火车)运输货物之用,尺寸较大,一般称大门。厂房大门的门框一般用钢筋混凝土现浇,门扇用型钢制成骨架后再覆以木板(或薄钢板)而成。单层厂房的侧窗洞口一般面积较大,为了节省窗框用料,一般用尺寸较小的窗框和拼樘料在洞口内进行拼樘组合去形成大面积窗,这种窗称拼樘组合窗。

二、板材墙

采用板材墙是墙体改革的重要内容,这样能充分利用工业废料、不用农田泥土,促进建筑工业化。按板材墙的构造和组成材料不同分,板材墙可分为单一材料墙板和复合墙板两种。单一材料墙体可为钢筋混凝土预应力槽形板、空心板;配筋轻混凝土板。复合墙体一般做成轻质高强的夹心墙板,其面板有预应力钢筋混凝土板、石棉水泥板、铝板、不锈钢板、钢板、玻璃钢板等。夹心保温、隔热材料可为矿棉毡、泡沫塑料、泡沫橡皮、木丝板、蜂窝板等轻

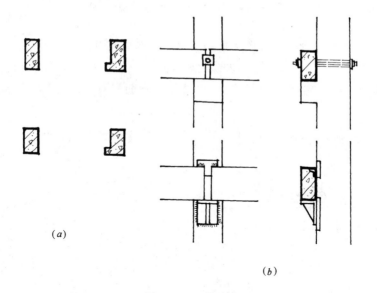

(a)

(b)

图 2-1-26　连系梁

(a) 连系梁断面；(b) 连系梁与柱连接

两支连系梁的对头缝隙以细石混凝土嵌填灌实，使之能传递纵向水平荷载，从而起到加强厂房纵向的连续性。

质材料。

板材墙的墙板一般预制成狭长的矩形，在墙面位置可作横向布置(板横放)、竖向布置(板竖起来放)、混合布置(有的横放，有的竖放)三种布置。作横向布置时，可将墙板直接焊接在柱子上，或者用螺栓配合扣件将墙板勾挂在柱子上。作竖向布置时要先在柱外侧焊接水平向的型钢或预制钢筋混凝土梁，再将墙板用扣件勾挂上去。板材墙中开设门洞的部分可以采用局部砌砖来代替墙板，以减少墙板类型，但对防震不利。

第八节　地面及基础设施

一、地面

为了满足生产及使用要求，地面往往需要具备特殊功能，如：防尘、防爆、防腐蚀等，同一厂房内不同地段要求往往不同，这些都增加了地面构造的复杂性。而且单层厂房地面面积大，所承受的荷载大(如汽车载重后的荷载)，地面厚度做得大，材料用量多。厂房地面一般也是由面层、垫层和基层(地基)组成。当只设这些构造层还不能满足生产与使用要求时，还要增设诸如找平层、结合层、隔离层、保温层、隔声层、防潮层等其他构造层次。厂房地面的面层可分为整体式面层及块材面层两大类。厂房地面的垫层要承受并传递荷载，按材料性质不同，可分为刚性垫层、半刚性垫层及柔性垫层三种。以混凝土、沥青混凝土、钢筋混凝土等材料构筑而成的垫层称刚性垫层；以灰土、三合土、四合土等材料构筑的垫层称半刚性垫层；以砂、碎石、卵石、矿渣、碎煤渣等构筑的垫层称柔性垫层。结合层一般以水泥砂浆、沥青、胶泥等构筑，而找平层一般为 20mm 厚的 1:3 水泥砂浆；防潮层可用浇捣沥青混凝土或铺贴油毡构造出来。

113

不同材料地面接缝处要做加强处理,以防车轮碾压冲击破坏。

二、地沟

地沟供敷设生产管线之用。地沟由底板、沟壁、盖板三部分组成。盖板有用钢筋混凝土预制的,也有用铸铁制作的。沟壁可由砖砌(地下水位比较低时)或用钢筋混凝土现浇形成;底板可能是混凝土的(沟壁为砖砌时采用),也可能是钢筋混凝土现浇的。地沟具体情况如图 2-1-27 所示。

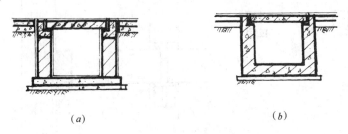

(a) (b)

图 2-1-27　地沟

(a) 砖砌地沟;(b) 钢筋混凝土地沟

为满足在沟内多层敷设生产管线的需要,地沟内还设有用型钢制作的支架。

地沟应做好防水、防潮处理,盖板应便于开启。

三、钢梯

为了满足攀高的需要,单层厂房还设有钢梯。常见的有供上生产操作平台的钢梯——称作业平台钢梯;供上桥式吊车司机室的钢梯——称吊车钢梯;供上屋面检修或消防灭火钢梯——称消防检修钢梯等等,如图 2-1-28 所示。

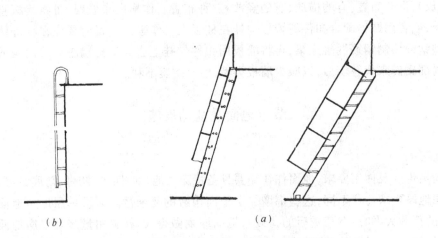

(b) (a)

图 2-1-28　钢梯

(a) 屋面检修消防钢梯;(b) 作业平台钢梯

屋面检修消防钢梯竖直附墙设置在实墙面上,沿墙每 200m 路程一座,这种竖直钢梯设置方法为:在砖墙中埋入带有外伸角钢的混凝土预制块,定型钢梯焊接在外伸墙面的角钢上。倾斜的作业平台等钢梯的设置方法为:定型钢梯的下端与地面预埋钢板焊接,上端与作业平台上的钢板焊接。

四、隔断

单层厂房内隔断供分隔空间之用,一般有金属网隔断、装配式钢筋混凝土隔断、砖或砌

114

块隔断、混合隔断等几种,如图 2-1-29 所示。

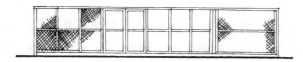

图 2-1-29　金属网隔断

金属网隔断由金属网与边框构成的拼扇组成。金属网可为钢板网或镀锌铁丝网,边框一般以型钢制成。一般用于工段分隔、临时仓库等处。

五、走道板

走道板供维修吊车轨道及吊车检修人员通行及操作之用。走道板在吊车梁侧边沿吊车梁顶面铺设。走道板为钢筋混凝土预制槽板,搁置在上柱侧面设置的角钢牛腿上,它夹在两根柱之间,从厂房的一端连续设置到另一端,由吊车钢梯及平台提供上下的条件。

六、毗连式生活间

为了满足生产管理和生活卫生福利的需要,有时附着厂房山墙还设有生活间,生活间内设有办公、卫生间、盥洗室、更衣室等用房。生活间本身的构造与民用建筑相同。但生活间的结构为砖混结构或框架结构,与厂房主体并不相同,生活间与厂房主体之间设有沉降缝。

第九节　单层厂房定位轴线

单层厂房定位轴线是确定厂房主要构件的位置及其标志尺寸的基线,同时也是设备定位、安装的依据。为了取得与柱网布置一致,单层厂房定位轴线的编制是在明确柱网布置的基础上进行的。承重柱是单层厂房主要承重构件,为便于施工,需要明确它与纵横定位轴线的位置关系。与柱子有关的纵横向定位轴线在平面上排列所形成的格子称为柱网,相对柱子之间纵向定位轴线的间距称为厂房跨度;相邻柱子间横向定位轴线间的距离称为厂房柱距。柱网尺寸就是厂房跨度和柱距尺寸。我国《厂房建筑模数协调标准》规定:单层厂房柱距采用扩大模数 60M 数列,当厂房为钢筋混凝土结构或钢结构时,常采用 6.0m 柱距,有少数厂房也有采用扩大柱距 12.0m。山墙处的抗风柱柱距采用扩大模数 15M 数列,即 4.5m、6.0m;至于跨度尺寸,以 18.0m 为分界线,在 18.0m 以下时采用扩大模数 30M 数列,即 9.0、12.0、15.0、18.0m,在 18.0m 以上时,采用扩大模数 60M,即 24.0、30.0、36.0m 等,在目前也允许出现 21.0、27.0、33.0m。

在《厂房建筑模数协调标准》中,为满足生产工艺要求并注意减少厂房构件类型和规格,同时使采用不同结构形式的厂房所采用的构配件能最大限度地互换和通用,有利于提高厂房标准化和建筑工业化的前提出发,规定了单层厂房纵横定位轴线编制规则。该规则明确:在常见的被广泛采用的横向排架建筑中,与横向排架平面(即一跨厂房的短向)平行的定位轴线称为横向定位轴线;与横向排架平面垂直(即一跨厂房的长向)的定位轴线称为纵向定位轴线。按定位轴线编制规则确定定位轴线与各种主要承重构件的位置关系。

一、横向定位轴线编制规则

在任何情况下,横向定位轴线和大型屋面板的位置关系绝对不变:始终包在屋面板的两端。横向定位轴线间距尺寸即为大型屋面板长度的标志尺寸,一般为 6.0m。横向定位线与承重柱的位置关系在不同情况下会发生变化。

（一）中部柱与横向定位轴线的关系

由于中部柱顶支承屋架,屋架长向中心线两侧要以相等宽度搁置屋面板,屋面板对头缝缝隙中心线与屋架中心线相重合,屋架中心线与柱中心线相重合;而屋面板对头缝宽度即是由屋架的标志长度与构造长度的差额形成的,也就是说,这时横向定位轴线与大型屋面板对头缝隙中心线相重合。按照上述所介绍的大型屋面板、屋架、中部承重柱相互间的位置关系可知:横向定位轴线与中部柱的中心线相重合,如图2-1-30所示。

（二）端部柱与横向定位轴线关系

由于要减化屋面排水防水构造,工程中将厂房端头的屋面板紧贴山墙,以免出现多余缝隙,这样单层厂房的第一根与最末一根横向定位轴线就与山墙内边缘重合,这时横向定位轴线就与抗风柱外边缘线相重合。由于抗风柱上顶面要伸到屋架上弦并与屋架实现弹性连接,这样屋架就要避开抗风柱,而必须从大型屋面板的外端部向内移,结合工程的需要和建筑模数制的要求,这个内移尺寸为600mm。这时屋架内移了,端部支承屋架的承重柱当然也跟着内移600mm。综上分析可以归纳出下述结论:端部柱的中心线从第一根或最末根横向定位轴线内移600mm,如图2-1-31所示。

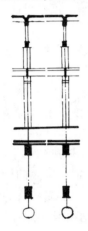

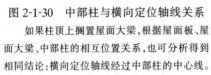

图 2-1-30　中部柱与横向定位轴线关系

如果柱顶上搁置屋面大梁,根据屋面板、屋面大梁、中部柱的相互位置关系,也可分析得到相同结论:横向定位轴线经过中部柱的中心线。

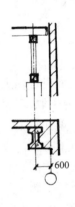

图 2-1-31　端部柱与横向定位轴线关系

端部柱的中心线离开山墙内边缘的距离为600mm,端部柱与山墙内边缘之间存在一个空隙,这个空隙一般以砖墙填掉,以利于山墙得到端部柱的扶持。

二、纵向定位轴线编制规则

在任何情况下纵向定位轴线和屋架、屋面大梁的位置关系绝对不变:始终包在屋架、屋面大梁两端。纵向定位轴线的间距尺寸即为屋架、屋面大梁长度的标志尺寸,通常称为厂房跨度尺寸。

（一）在不设桥式吊车的单层厂房中,纵向定位轴线与边柱的位置关系

在不设桥式吊车的单层厂房中,承重柱(包括边柱)顶上支承屋架或屋面大梁,为了追求屋面排水防水构造简单,要使屋架上弦端部所搁的天沟板的外边肋外侧边与纵墙内表面相重合,避免出现多余空隙。这样屋架、屋面大梁长度方向的边缘线就与纵墙内表面线相重合,也即这时纵向定位轴线落在纵墙内表面。由于在工程中普遍采用墙包柱做法,纵墙内表

116

面与边柱外边缘重合,因此纵向定位轴线就和边柱外边缘重合,也即纵向定位轴线落在边柱外边缘,如图2-1-32所示。

(二)设置桥式吊车的单层厂房中,纵向定位轴线与边柱的位置关系

桥式吊车体积庞大的钢桥架要从厂房一端向另一端往返移动,这种移动是靠在近钢桥架底两端设置钢轮(形同火车轮),钢轮卡搁在吊车梁顶钢轨上,钢桥架上所设的电动机带动钢轮旋转而实现的。

在单层厂房中设置桥式吊车后,为分析问题方便起见,现暂时仍将纵向定位轴线设在边柱的外边缘,这时可得如图2-1-33所示的情况。

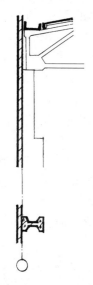

图 2-1-32 边柱与纵向定
位轴线关系(不设桥式吊车)
这样做使天沟板长边与纵墙之间不出现多余空隙,呈"封闭"状态,这种关系,通常被称为封闭结合。

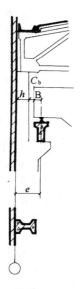

图 2-1-33 边柱与纵向定
位轴线关系(设小型桥式吊车)
从上图可以看出在吊车轨道中心线到纵向定位轴线之间的距离 e,是由边柱上柱断面高度 h、吊车钢桥架钢梁悬臂尺寸 B 以及吊车端头边至上柱内表面间必要的安全通行空隙 C_b 所组成的。

工程中称桥式吊车两根轨道之间的距离为轨距,也称为吊车跨度。吊车跨度与厂房跨度的关系如图2-1-34所示。

在构件设置情况不同、桥式吊车起重量不同的厂房中,h 与 B 的数值是不同的,吊车正常运行所需要的 C_b 数值也是不同的。一般来说吊车的起重量越大,厂房跨度与屋面荷载越大,B、C_b、h 的数值也越大,相应 e 的数值也是越大。根据工程情况来不断变化和调整 e 的数值,会使建筑边柱牛腿变得十分复杂,并且不便于厂房边沿区域的起重运输,而

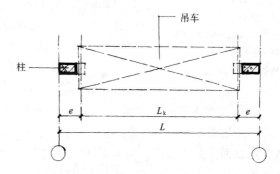

图 2-1-34 吊车跨度与厂房跨度关系

L——厂房跨度

L_k——吊车跨度

e——吊车轨道中心线至厂房纵向定位轴线的距离

且也会使吊车的规格种类变得繁多,不符合工业化的要求,是不可取的。为此,在工程中规定:$L - L_k = 2e = 2 \times 750\text{mm}$(也有少数桥式吊车取 $L - L_k = 2e = 2 \times 1000\text{mm}$ 的)。即将桥式吊车轨距 L_k 定为由厂房跨度(L)减去 1500mm(或 2000mm)。

1. 桥式吊车起重量比较小(如≤20t)时,纵向定位轴线与边柱位置关系。

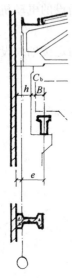

图 2-1-35 边柱与纵向定位轴线关系(桥式吊车起重量 Q>20t 时)

从图中可以看出,由于边柱外移,屋架与纵向定位轴线位置未动,包檐沟与纵向女儿墙之间出现了空隙,由于出现这种现象,边柱和定位轴线的这种关系被称为非封闭结合。实现非封闭结合后屋面上出现的这条空隙要用从纵向女儿墙上所悬挑出的现浇钢筋混凝土悬挑板带盖掉,构造显然要复杂一些。

根据桥式吊车规格资料可知:当起重量为 20t 时,吊车钢桥架钢梁悬臂尺寸 B=260mm。就桥式吊车一般情况来说,吊车钢桥架端头外缘至上柱内缘的安全净空 C_b 这样决定:当吊车起重量 Q≤50t 时,C_b≮80mm;当 Q≥75t 时,C_b≮100mm。C_b 主要是考虑吊车及柱子在制作和安装过程中允许产生的误差以及使用过程中不可避免的变形等而应有的安全空隙。没有安全空隙,吊车钢桥架端部肯定要与上柱相撞;所留安全空隙不足,在绝大多数情况下也要发生碰撞而无法使用。在中小型厂中,边柱上柱截面高度 h 大多为 400mm。根据上述,现 Q=20t 若 C_b≮80mm 的要求取 C_b=80mm。则 $h + C_b + B = 400 + 80 + 240 = 740\text{mm}$。根据前面的论述,$h + C_b + B = e = 750\text{mm}$,即表示现在安全空隙 C_b 可取 90mm,这对安全通行来说当然是有利的。由上述分析可知:当桥式吊车起重量较小(Q≤20t)时,纵向定位轴线经过边柱外边缘,与不设吊车时相同。

2. 桥式吊车起重量比较大(Q>20t)时,纵向定位轴线与边柱位置关系。

当桥式吊车起重量 Q=30t 时,B=300mm,这时 C_b 仍可取 80mm,上柱宽度 h 仍取 400mm,这样 $h + C_b + B = 400 + 80 + 300 = 780\text{mm}$。而原来已规定 e=750mm,780>750。而在工程设计时,h 已是按最低限度要求来决定的,不能再缩小,而 B 牵涉到成品吊车规格,不允许改变。这样能得到的结论是:安全空隙无法留足 80mm(只能留 50mm)。如果这样设置吊车,运行时将发生吊车与柱碰撞,这是不允许的。现在唯一的解决办法是维持吊车、吊车轨道、吊车梁、定位轴线、屋架(或屋面大梁)位置不变,将边柱向外移(我国规定,依工程不同情况需要可分别选用移 150、250、500mm,这个尺寸称联系尺寸),以保证吊车安全通行。吊车起重量 Q>20t 时,边柱与纵向定位轴线关系如图 2-1-35 所示。

(三)中柱和纵向定位轴线的关系

中柱位于单层厂房中部,需支承两榀对头放置的屋架或两根屋面大梁。依这两榀屋架或两根屋面大梁所在位置高低不同,分别被称为等高跨中柱和不等高跨中柱。前者是指所支承的两榀屋架或两根屋面大梁所处的位置高度相等的中柱。除等高跨中柱以外,就是不等高跨中柱。

1. 等高跨中柱与纵向定位轴线的关系

等高跨中柱处当不设纵向变形缝时,一般宜设单柱和一根纵向定位轴线(这一根纵向定位轴线由对头两榀屋架或两根屋面大梁端头的各一根纵向定位轴线合并而来的),这时这根纵向定位轴线经过上柱中心线,如图 2-1-36 所示。

　　2. 不等高跨中柱与纵向定位轴线的关系

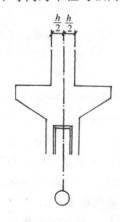

图 2-1-36　等高跨中柱
与纵向定位轴线关系

　　在一般情况下,将等高跨中柱的中心线与纵向定位轴线相重合,似乎并没有考虑吊车起重量大小的影响,实则不然。因为边柱的上柱断面高度一般 400mm。而变为中柱后,尽管等高跨中柱顶端支承对头的两榀屋架或两根屋面大梁,但建筑结构上并不要求将中柱的上柱断面高度增加两倍,达到 800mm。这时如将稍有增加的中柱上柱的断面高度尺寸的一半取出作为 h,进行 $h + C_b + B$ 的检验,在吊车吨位不是奇大的情况下,e 并不会出现大于 750mm 的情况。

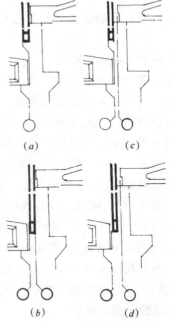

图 2-1-37　不等高跨中柱单柱
（无纵向变形缝）与纵向定位轴线关系
　　（a）、（b）高跨设起重量小的桥式吊车;
　　（c）、（d）高跨设起重量大的吊车
　　由于高跨上部处于低跨屋面以上,需要以墙围护,按照围护墙是否完全位于低跨屋面以上,不等高跨中柱处又有一根纵向定位轴线与两根纵向定位轴线的区分。

　　不等高跨中柱上搁置高度不相同的两榀屋架或两根屋面大梁,中柱两侧一跨高一跨低。高跨具有明显独立的上柱,而低跨则无独立的上柱。低跨上柱可以依附在柱高跨有关部分,甚至可以一点也没有——仅从柱高跨有关位置悬挑出一牛腿来搁置低跨屋架,这样在中小型厂房中不管吊车起重量如何,$h + C_b + B$ 是不可能大于 750mm 的。因此对于不等高跨中柱来说,考虑与纵向定位轴线关系时只要将高跨上柱作为考虑问题的出发点就可以了:当高跨的吊车起重量小于等于 20t 时,纵向定位轴线经过高跨上柱外边缘;当高跨的吊车起重量大于 20t 时,高跨上柱外边缘应离开纵向定轴线 150mm 或 250mm 或 500mm,以保证吊车和高跨上柱不碰撞。

　　三、单层厂房设变形缝处的定位轴线

　　单层厂房设变形缝后,变形缝将房屋分成独立的两个部分。这独立的两个部分应分别按照各自情况,应用纵横向定位轴线编制规则编制各自的纵横定位轴线。独立两部分各以一根定位轴线在变形缝处平行相邻。这两根平行相邻定位轴线的间距即为变形缝宽度。如横向伸缩缝处的定位轴线就是这样编制的,见图 2-1-38。

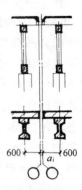

图 2-1-38
横向伸缩缝
处定位轴线
　　上图中 a_i——
插入距,现为伸缩缝
宽度,20～30mm

119

第十节　装配式单层工业厂房的施工顺序

装配式单层工业厂房的施工一般分为基础工程、预制工程、吊装工程及其他工程四个施工阶段。

一、基础工程阶段的施工顺序

装配式单层工业厂房钢筋混凝土独立杯形基础的施工顺序为:挖土→浇捣垫层混凝土→安装基础模板→绑扎钢筋→浇捣混凝土→养护→拆除模板→回填土。

单层厂房内设备基础和地坑的施工,一般有两种顺序方案:敞开式方案和封闭式方案。敞开式施工适用于设备基础和地坑埋置较深、体积大、距杯基近的工程。封闭式施工是指设备基础和地坑安排在厂房结构吊装完毕后,室内地坪施工前进行。当设备基础和地坑埋置较深、体积大、距杯基近时,设备基础和地坑要和钢筋混凝土杯基同时施工。如果这种情况下先施工钢筋混凝土杯基、再施工设备基础和地坑,则在施工设备基础和地坑挖土时容易将钢筋混凝土杯基底的原始土搅坏,破坏杯基的地基,造成工程事故。不过,如将设备基础和地坑与钢筋混凝土杯基同时施工,在这些内容施工完成后,要对设备基础和地坑切实做好保护。否则在以后预制构件和进行吊装时会对它们造成损坏。至于地沟,都是采取封闭式施工,即在吊装完成后,室内地坪施工前进行施工。

二、预制工程阶段施工顺序

装配式单层工业厂房的钢筋混凝土预制构件制作,目前一般采用工厂预制和现场预制相结合的方法。在现场就地预制的构件一般是重量大或运输不便的大型构件,如柱、屋架等。在现场预制构件时,安排哪些构件先预制? 哪些构件后预制? 这主要由吊装方案、工期要求及场地条件而定。当采用分件吊装法时,预制构件制作有三种方案可供选择:若场地宽敞,可考虑在柱子、吊车梁制作完成后就进行屋架制作;若场地狭窄而工期又允许时,则首先制作柱子与吊车梁,等柱子和吊车梁吊装完成后再进行屋架制作;若场地狭窄而工期又紧迫时,可将柱子和吊车梁等构件在拟建厂房内就地预制,同时在拟建厂房外进行屋架制作。当采用综合吊装法时,各类预制构件需一次制作完成,但具体每一构件是在拟建厂房内预制,还是在拟建厂房外预制则要由场地具体情况及吊装方法确定。在具体工程实施中,由于屋架外形尺寸较大,预制场地所填土要加以夯实,垫上通长的木板,以防下沉。因为构件混凝土浇捣以后在形成强度以前若发生不均匀沉降就会导致构件断裂破坏。厂房各跨构件以布置在本跨内预制为宜,以便吊装;如有些构件在本跨内预制确有困难,也可布置在跨外便于吊装的地方进行。单件构件预制顺序分为两种。一种为非预应力构件预制顺序:处理模板地基、设置支模基础→支撑模板→绑扎钢筋→安置预埋件→浇捣混凝土→养护→拆除边模板。后张法预应力钢筋混凝土构件制作的顺序为:处理模板地基、设置支模基础→支撑模板→绑扎钢筋→安置预埋件→留设预应力钢筋孔道→浇捣混凝土→养护→拆除边模板→张拉预应力钢筋后对钢筋进行锚固→预应力钢筋孔道灌浆。

三、吊装工程阶段施工顺序

吊装顺序取决于吊装方法。当采用分件吊装法施工时,吊装顺序为:

第一次开行——安装全部柱子,并对柱子进行校正和最后固定。

第二次开行——安装吊车梁、联系梁、基础梁及柱间支撑。

第三次开行——分节间安装屋架、天窗架屋面板及屋盖支撑等。分件吊装法由于每次是吊装同类型构件,索具不需经常更换,操作方法以也基本相同,所以吊装速度快,能充分发挥起重机效率,构件可以分批供应,现场平面布置比较简单,也能给构件校正、接点焊接、灌筑混凝土、养护混凝土提供充分时间。但这种方法不能为后续工序及吊装提供工作面,起重机的开行路线较长。

若采用综合吊装法,其顺序为:先吊装 4～6 根柱子,立即加以校正并临时固定,接着安装吊车梁、连系梁、屋架、屋面板等。一个节间的全部构件吊装完后,起重机移至下一节间进行吊装,直至整个厂房结构吊装完毕。采用综合吊装法吊车开行路线短,停机点少;吊完一个节间,其后续工种就可进入节间内工作,使各工种进行交叉平行流水作业,有利于缩短工期。但它要同时吊装不同类型的构件,吊装速度慢;构件供应紧张,平面布置复杂;构件校正困难,固定时间紧迫。

抗风柱的吊装可采用两种顺序:一是在吊装承重柱的同时先吊装同跨一端的抗风柱,另一端则在屋盖吊装完毕后进行;二是全部抗风性的吊装均在屋盖吊装完毕后进行。

四、其他工程阶段施工顺序

其他工程阶段主要工作内容包括:围护工程、屋面工程、装修工程、设备安装工程等。这一阶段总的施工顺序为:围护工程→屋面工程→装修工程→设备安装工程。在具体实施时,为了加快施工速度,缩短工期,提高效率,往往视具体情况采用互相交叉、平行搭接的方法安排施工。

任何一项工程,其施工顺序一般遵循"四先四后"的原则——先地下后地上,先主体后围护,先结构后装修,先土建后设备。所谓"先地下后地上",是指地上工程开工前,尽量把管道、线路等地下设施、土方工程和基础工程完成或基本完成。所谓"先主体后围护"是指工程同一部位主体结构应做在前,非承重的围护项目(如非承重墙)做在后。所谓"先结构后装修"是指工程一部位要先完成承重结构内容的施工后才能进行装修工作。所谓"先土建后设备"是指在工程的同一部位应首先完成土建施工,再进行水、暖、电、煤、卫等建筑设备施工。

工程的土建施工还要遵循:"先重后轻"——先安排荷载大的建筑施工,后安排荷载小的建筑施工,使荷载大的建筑先结顶沉降取得基本稳定后,再施工荷载小的建筑以有利于控制建筑沉降。"先主体后附属"——先施工主体建筑,后施工附属用房。这有利于安排主体建筑内的设备安装和调试,使整个工程尽早投入生产使用。"先深后浅"——基础埋深大的建筑先施工,基础埋深小的建筑后施工,避免施工基础埋深大的建筑挖土时对其他建筑的地基和基础造成不良影响。"结构工程要先下后上,装修工程要先上后下"——结构工程要先下后上,这是结构承受传递荷载的规律所造成的;装修工程先上后下可避免上面装修对下面造成污染破坏。

第二章　多层厂房建筑构造

第一节　多层厂房概况

一、层数

由于节约用地等多方面原因,近十多年来我国多层厂房的数量有明显增加。多层厂房常用的层数为2~6层,其中以3~4层为最多,当然少数也有达到10层以上的。在多层厂房中,除首层以外,其余各层的楼面荷载都必须由梁、板、柱等承重构件来承担的,在施工和安装时,楼面压重不能太大,以免产生事故。

二、结构

多层厂房的结构类型有多种

(一)按承重结构所采用的材料可分为混合结构、钢筋混凝土结构和钢结构。

1. 混合结构有砖或砌块墙承重或内框架承重两种。其中以外墙内框架承重为多见。混合结构只能在荷载不大又无振动、地质条件好的建筑中采用,而且只能在非地震区采用。

2. 钢筋混凝土结构

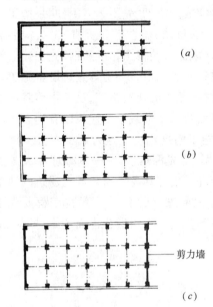

图2-2-1　多层厂房结构体系的类型
(a)内框架结构;(b)全框架结构;
(c)框架——剪力墙结构

在多层厂房中,应用得最多的是全框架结构。

钢筋混凝土结构是目前采用最为广泛的一种结构。这种结构构件截面小、强度大。这种结构可建层数多,可承荷载大,可达跨度宽,适应性强。钢筋混凝土结构中采用较多的是横向承重钢筋混凝土框架结构,因为它的构造建筑刚度好。

3. 钢结构

钢结构重量轻、强度高、施工方便。虽然它的造价较高,但它施工速度快,能早日投产,因此综合效益还是可取的。由于建筑用钢的限制,我国目前使用并不多,但它有良好的发展前景。

(二)按主体结构受荷方式分,有内框架结构、全框架结构和框架——剪力墙结构,如图2-2-1所示。

1. 内框架结构

内框架结构,即外部砖墙承重、内部为钢筋混凝土梁柱框架承重。这种结构造价较低,适用于一些层数不高、面积不大、非地震区的中、小型厂房。

2. 全框架结构

全框架结构全部荷载由钢筋混凝土框架承受。

钢筋混凝土全框架结构又可分为梁板式结构与无梁结构两种。前者屋面、楼面荷载通过纵横梁传给柱子;后者没有纵横梁,屋面与楼面荷载由屋面板和楼板经过设于板底柱顶的柱帽传给柱子。

（1）梁板式框架结构

按结构的布置方式不同,又可分为横向承重框架(承重梁沿房屋短向布置)、纵向承重框架(承重梁沿房屋长向布置)、纵横向双向承重框架(纵横两个方向都设承重梁)三种。横向承重框架刚度较好,是一种较经济的结构方案,被广泛采用。双向承重框架,在纵横两个方向都具有较好的刚度,最坚固,而且具有较强的抗震能力,但结构设计与施工都比较困难。

（2）无梁式框架结构

这种结构的建筑由于楼板、屋面板没有梁,楼板就要做得比较厚,只有在荷载较大时才是经济的。

（3）框架——剪力墙结构

全框架主要靠梁柱节点来抵抗水平荷载,能力有限。在框架结构中适当设置钢筋混凝土墙体,用来抵抗水平力,这种墙属抗侧力结构,称剪力墙。带有剪力墙的框架结构称框架——剪力墙结构。剪力墙的作用是帮助框架承担水平力(风力、地震力等),加强框架的刚度。剪力墙对结构受力是有利的,但对生产工艺流水线的灵活布置和更新会造成妨碍。

（三）按主体结构的整体性与装配化程度分,钢筋混凝土多层框架可分为整体式、装配整体式与全装配式三种。

整体式框架的柱、梁、板全部在现场现浇形成框架。它可以采用定型组合钢模板、商品混凝土、现场机械化送料和振捣的方法施工,工业化的程度可以达到很高的水准。这种做法可以保证结构具有良好的整体性和较高的承受荷载的能力,目前使用较多。全装配式框架的构件全部为预制,构件之间的连接主要靠不同构件的预埋钢板互相接触焊接,结构的整体性与刚性较差,耗钢量大,目前采用较少。装配整体式框架一般采用构件预制,构件与构件间的连接节点在现场现浇形成结构整体;或者采用柱现浇,其他构件预制,节点现浇形成结构整体。这种做法兼有全现浇和全预制两者的优点,目前使用较多。

三、柱网、层高

多层厂房的柱距常为6.0m。当采用方格柱网时,一般由6.0×6.0m的方格组成厂房平面。在内廊式厂房中,走廊两侧空间进深取6.0~9.0m,甚至也有达到15.0m的。多层厂房柱网如图2-2-2所示。

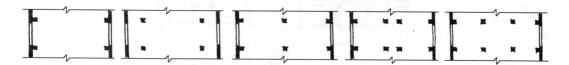

图2-2-2 多层厂房平面柱网
跨度相等的柱网具有比较大的灵活性,适用性强,近年来使用比较普遍。

一般多层厂房的层高为3.9~6.0m。

四、定位轴线

多层厂房普遍采用全框架方案,横向定位轴线与框架柱中心线相重合。顶层中柱的中心线与纵向定位轴线相重合;对于边柱来说,可以将其外边线与纵向定位轴线相重合,也可以使其中心线与纵向定位轴线相重合。

五、管线布置

多层厂房中管线种类很多,如照明与动力电线、上下水管线以及供氮、氧、压缩空气、蒸气、煤气等使用的各种管线。在有集中空调的厂房内,还装有风道,这种风道体积较大、占空间较多。在精密性生产的厂房里,为了满足洁净要求,管线通常均为暗设。

暗设管线的布置可考虑采用以下几种方法:

(一)设技术夹墙:

把墙做成双层,管线在夹墙内通过,如图2-2-3所示。

(二)设技术走廊

沿外墙设技术走廊,廊中安装各种管线和工艺设备,如图2-2-4所示。

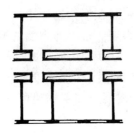 

图 2-2-3　技术夹墙

技术夹墙宽度以大于 600mm 为宜。可设门供检修之用。

图 2-2-4　技术走廊

设置技术走廊还有利于恒温和防尘处理。

(三)设技术夹层

技术夹层可在楼层全部或仅在走廊的顶部水平方向设置,如图2-2-5所示。

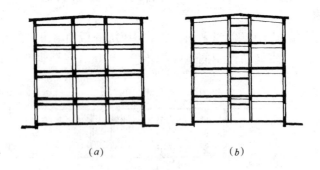

(a)　　　　　　　　(b)

图 2-2-5　技术夹层

(a)技术夹层面积与楼层面积相同;(b)走廊顶部设技术夹层

技术夹层的高度由安装和检修的需要而定。

(四)管道井

通常在多层厂房中竖向管线特别集中的地方设置。管道井如图2-2-6所示。

图 2-2-6 管道井

管道井的设置自由灵活,使用方便,工程中采用较多。

第二节 多层厂房主要承重构件及节点构造

多层厂房目前广泛采用钢筋混凝土结构。在钢筋混凝土结构中,整体式框架、全装配式框架及装配整体式框架的节点构造是不相同的。

一、整体式框架

整体式框架的基础、柱、梁、板分层全部采用现浇。在地质条件较好的工程中可采用柱下独立基础;否则考虑采用柱下条形基础,井格式基础或筏式满堂基础。柱梁一般采用矩形断面,板为实心板。基础与柱、柱与梁、梁与板连接时,钢筋要相互交叉,然后整体浇捣在一起。现浇柱下独立基础如图2-2-7所示。

二、装配整体式框架

装配整体式框架目前有两种实施办法,一种是基础、柱、梁现浇,板预制;另一种是除基础现浇外,柱、梁、板全部预制,构件节点采用现浇,形成整体结构。

（一）仅板为预制的装配式框架

以这种方法实施的框架结构的整体性最接近整体式全现浇框架;基础、柱、梁的实施办法两者也相同。但这种框架梁可为矩形断面也可为花篮形断面,如图2 2-8所示。

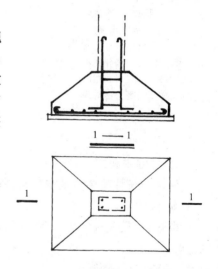

图 2-2-7 现浇柱下独立基础

现浇柱与基础不同时施工,在浇捣基础时预伸出钢筋(规格、数量与柱同),以便与柱连接。

这种结构中的预制板可为空心板或槽形板。当采用花篮形断面梁时,空心板和槽形板应留出外伸钢筋伸入花篮梁的后捣混凝土中去,以提高楼盖的整体性,如图2-2-9所示。

（二）构件全部预制的装配整体式框架

在这种结构中,基础仍为钢筋混凝土现浇,为了能安装预制柱,基础相应部位设杯口,供以后将预制柱插入杯口,实现柱与基础的连接。这种做法和单层厂房相似。

柱子断面大多为矩形,也有工字形的。梁的断面有矩形的、T 形的以及花篮形的,以花篮形的梁用得较多。楼板与屋面板常用的有空心板、槽形板,大型工程也有用双"T"形板的。这种装配整体式框架的构造方法可有四种:

1.长柱明牛腿式

横梁采用叠合梁,预制楼板上做整浇层。

图 2-2-8　花篮形断
面梁

采用花篮形断面梁,梁
与板的上顶面齐平,可以在
一定层高的限制下,争取到
尽可能大的净高。

为了增强楼盖的整体
性,加强梁与板的连接,一
般在现场浇捣梁时将花篮
形上部的混凝土部分并不
浇捣,而只是向上伸出梁的
箍筋。这些混凝土留待预
制板搁置以后再进行浇捣。

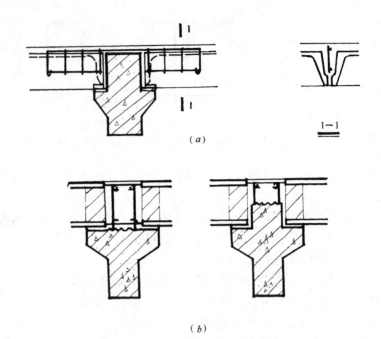

图 2-2-9　预制板与花篮梁连接

(a)槽形板与梁连接;(b)空心板与梁连接

板伸出的钢筋与梁的钢筋绑扎后再浇捣混凝土。

2．长柱暗牛腿式

其做法与长柱明牛腿基本相同,所不同的是将牛腿暗藏在梁的高度范围以内不外露。

3．短柱式

所谓短柱,就是柱一层一节,或两层一节。这时纵、横梁都采用叠合梁,预制楼板上做整
浇层。

4．现浇柱预制梁、板式

纵、横梁均采用叠合梁,预制楼板上做整浇层。

上述四种做法的具体情况如图 2-2-10 所示。

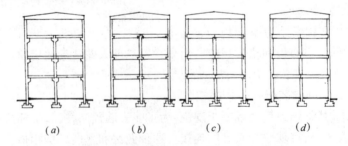

(a)　　　　　(b)　　　　　(c)　　　　　(d)

图 2-2-10　装配整体式框架结构的四种方案

(a)长柱明牛腿方案;(b)长柱暗牛腿方案;(c)短柱装配整体式方案;

(d)现浇柱预制梁方案

所谓长柱,即预制柱的长度一根到顶,一般不超过 20m。

上述"叠合梁"是指梁的下部是预制的,其上部在现场浇捣混凝土,通过这样两次浇捣混
凝土形成梁。

当采用短柱时,柱与柱的连接可采用焊接式连接或浆锚式连接,如图2-2-11与图2-2-12所示。

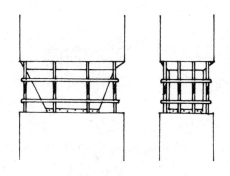

图 2-2-11　柱与柱焊接式连接

这种连接节省铜材,但焊接技术要求高。

梁柱连接节点构造类型随装配整体式方案而定。连接节点构造类型很多,有代表性的为以下几种:

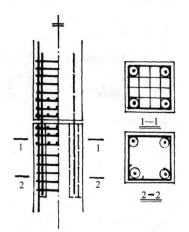

图 2-2-12　柱与柱浆锚式连接

这种连接属于湿作业,并且不适用于偏心较大的柱子

1．明牛腿方案

分刚接和铰接方案两类,如图2-2-13所示。

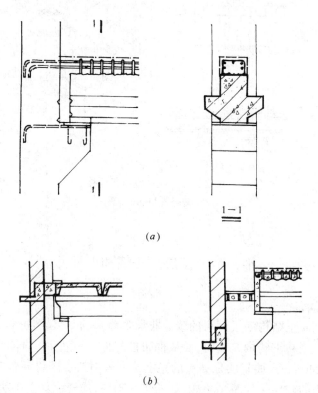

(a)

(b)

图 2-2-13　梁柱明牛腿连接

(a)刚接方案;(b)铰接方案

所谓刚接,是指能传递弯矩的连接,所谓铰接是指不能传递弯矩的连接。

127

2. 暗牛腿方案

也分刚接和铰接两种方案,如图 2-2-14 所示。

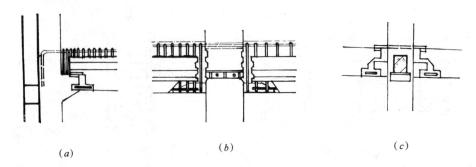

(a)　　　　　　　　(b)　　　　　　　　(c)

图 2-2-14　梁柱暗牛腿连接

(a) 叠合刚接;(b) 齿榫刚接;(c) 铰接

暗牛腿法连接受力能力差,施工麻烦。

3. 叠压式梁柱连接

其连接方法只有一种,如图 2-2-15 所示。

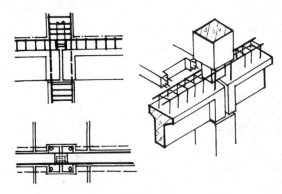

图 2-2-15　梁柱叠压式连接

这种方法只适用于非地震区。

第三节　多层厂房墙和电梯井

一、多层厂房墙

全框架钢筋混凝土结构多层厂房的墙为非承重墙,一般只起围护和分隔作用,当前大多采用粘土砖砌筑。用粘土砖构筑墙时,要从框架柱外伸 $2\phi6@500$ 锚拉筋压入砖墙灰缝内。墙的厚度一般为 240mm。要切实保证墙的稳定性。采用粘土砖要耗费农田,近年来逐步采用以工业废料制作的砌块来代替粘土砖,如粉煤灰砌块、加气混凝土砌块等等。内墙也有改用轻质隔断的做法。

二、电梯井

为了运输货物和通行人员,多层厂房内往往设有电梯。电梯系统由机房、轿箱和井壁三大部分组成。在有些多层厂房中电梯井不但用来供通行升降电梯轿箱之用,而且还用来作为加强房屋整体性和空间刚度的一个措施,这时电梯井壁就以钢筋混凝土现浇。否则,电梯井壁就可以用砖砌筑,每层在有关部位设梁来支承电梯井壁砖砌墙体。

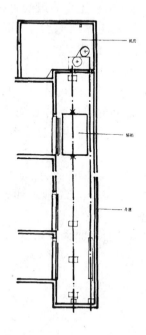

图 2-2-16　电梯

电梯井道是电梯轿箱运行通道。每层
均有出入口,井内有导轨、平衡锤。井道下
为地坑,井道顶为机房。

第四节　多层厂房现浇钢筋混凝土框架结构施工顺序

多层厂房现浇钢筋混凝土框架结构施工可分为:基础工程、框架结构工程、围护工程、屋面及装修工程、设备安装工程等内容。

一、基础工程阶段施工顺序

挖土→浇捣垫层混凝土→施工钢筋混凝土基础(包括绑扎钢筋、支模板、浇捣混凝土、养护、拆除模板)→回填土。

二、框架结构工程施工顺序

当采用定型组合钢模板时,每层现浇柱、梁、板的施工顺序有以下几种:

1. 柱绑扎、安装钢筋→柱、梁、板组装模板→柱浇捣混凝土→梁、板绑扎安装钢筋→梁、板浇捣混凝土→养护。

2. 柱绑扎、安装钢筋→柱组装模板→柱浇捣混凝土→梁、板组装模板→梁、板绑扎安装钢筋→梁、板浇捣混凝土→养护。

3. 柱绑扎、安装钢筋→柱组装模板→梁、板组装模板→梁、板绑扎、安装钢筋→柱、梁、板浇捣混凝土。

若是框架—剪力墙结构,剪力墙钢筋混凝土施工可与柱同步进行。

三、屋面及围护工程阶段施工顺序

一般屋面构造层次自下而上进行。围护工程一般既可在屋面防水层施工后自下而上进行;也可根据工期、现场等具体情况,跟随主体结构工程,由下而上交叉进行施工,即一层结构做好随着进行该层砌墙等围护工程内容施工。

四、装修工程阶段施工顺序

室外装修一般采用自上而下的顺序施工;室内装修可采用自上而下,自下而上或自中而下,同时自上而中的顺序施工。内外之间的装修顺序可有先外后内、先内后外或内外平行搭接进行的三种顺序施工方法。装修工程进行中要保证做到后施工的内容不要污损先施工的部位即可。

五、设备工程施工顺序

设备工程施工要注意和土建施工密切配合,一般均和土建施工交叉进行,要避免发生或减少设备工程施工污染、损坏土建施工完成的装修。

高层钢筋混凝土框架房屋施工顺序与上述基本相同。

第三篇 建筑材料

第一章 混凝土和砂浆

由胶凝材料、粗细骨料、水及其他外加材料按适当比例配合,再经搅拌、成型和硬化而成的人造石材称混凝土。

现代土木建筑工程中,工业与民用建筑、给水与排水工程、水利工程、道路桥梁工程及国防工程等都广泛应用混凝土。混凝土是当代最重要的建筑材料之一,也是世界上用量最大的人工建筑材料。

由胶凝材料、细骨料、水及塑化剂按一定比例配制而成的材料称砂浆。

砂浆广泛用于胶结单块材料构成砌体;大型墙板和各种结构的接缝;墙、地面及梁柱结构表面抹灰;贴面材料的粘贴等。

第一节 混凝土的特点和分类

一、混凝土的特点

混凝土能得到广泛应用,是因为它有如下特点:

1. 原料来源广、价格低廉:混凝土中 80% 以上为砂石骨料,资源丰富、加工简单、能耗低、价格便宜。

2. 适应性强:调整混凝土组成材料的品种和数量可制成具有不同性能的混凝土,能满足工程上不同的要求。

3. 成型性好、施工方便:混凝土有良好的可塑性,按工程需要可浇注成各种形状和尺寸的结构及构件。

4. 强度高:混凝土自身抗压强度高,且与钢筋能牢固结合,增强了混凝土抗拉、抗折能力,拓宽了混凝土的使用范围。

5. 良好的耐久性:混凝土有较高的抗冻、抗渗、耐腐蚀、耐风化等性能。

混凝土的主要缺点是:抗拉强度低、脆性、易开裂,质量波动较大,受施工影响因素较多。

二、混凝土的分类

混凝土的品种繁多,可按其组成、特性和功能等从不同角度进行分类。

按胶凝材料分:水泥混凝土、沥青混凝土、聚合物混凝土等。

按表观密度分:轻质混凝土($\rho_0 < 1900 \text{kg/m}^3$)、普通混凝土($\rho_0 = 1900 \sim 2500 \text{kg/m}^3$),特重混凝土($\rho_0 > 2600 \text{kg/m}^3$)。

按特性分:加气混凝土、补偿收缩混凝土、耐酸混凝土、高强混凝土、喷射混凝土等。

按用途分:结构混凝土(普通混凝土)、道路混凝土、水工混凝土等。

第二节　常用混凝土品种

一、普通混凝土

普通混凝土(即普通水泥混凝土,亦称水泥混凝土)是以普通水泥为胶结材料,普通的天然砂石为骨料,加水或再加少量外加剂,按专门设计的配合比配制。经搅拌、成型、养护而得到的混凝土。

普通混凝土是建筑工程中最常用的结构材料,表观密度 $2400kg/m^3$ 左右。

根据《混凝土结构设计规范》(GBJ10—89)规定,目前混凝土的强度等级有:$C_{7.5}$、C_{10}、C_{15}、C_{20}、C_{25}、C_{30}、C_{35}、C_{40}、C_{45}、C_{50}、C_{55} 和 C_{60} 等十二级。在结构设计中,为保证混凝土的质量,应根据建筑物的不同部位及承受荷载的区别,选用不同强度等级的混凝土,一般情况下:

$C_{7.5}$~C_{15} 的混凝土多用于垫层、基础、地坪及受力不大的结构。

C_{20}~C_{30} 的混凝土多用于普通钢筋混凝土结构中的梁、柱、板、楼梯、屋架等。

C_{30} 以上的混凝土多用于吊车梁、预应力钢筋混凝土构件、大跨度结构及特种结构。

二、轻混凝土

表观密度小于 $1900kg/m^3$ 的混凝土称轻混凝土。按组成和结构状态不同,又分轻骨料混凝土、多孔混凝土和无砂大孔混凝土。这里仅对常用的轻骨料混凝土和加气混凝土作简要介绍。

(一) 轻骨料混凝土

用轻质的粗细骨料(或普通砂)、水泥和水配制成的表观密度较小的混凝土。按轻质骨料品种不同分有:粉煤灰陶粒混凝土(工业废渣轻骨料)、浮石混凝土(天然轻骨料)、粘土陶粒混凝土(人工轻骨料)。按混凝土构造不同,分有保温轻骨料混凝土、保温结构混凝土和结构混凝土。与普通混凝土相比,虽强度有不同程度的降低,但保温性能好,抗震能力强。按立方体抗压强度标准值划分为 $CL_{5.0}$、$CL_{7.5}$、CL_{10}、CL_{15}、CL_{20}、……CL_{50} 等标号。比粘土砖强度高。

(二) 加气混凝土

用含钙材料(水泥、石灰)、含硅材料(石英砂、粉煤灰、矿渣等)和加气剂为原料,经磨细、配料、浇注、切割和压蒸养护等而制成。由于不用粗细骨料,也称无骨料混凝土,其质量轻、保温隔热性好并能耐火。多制成墙体砌块、隔墙板等。

三、聚合物混凝土

这是一种将有机聚合物用于混凝土中制成的新型混凝土。按制作方法不同,分三类:聚合物浸渍混凝土、聚合物混凝土和聚合物水泥混凝土。

(一) 聚合物浸渍混凝土(PIC)

它是将已硬化的普通混凝土放在单体里浸渍,然后用加热或辐射的方法使混凝土孔隙内的单体产生聚合作用,使混凝土和聚合物结合成一体的新型混凝土。它具有高强、耐腐蚀、耐久性好的特点,可做耐腐蚀材料、耐压材料及水下和海洋开发结构方面的材料。但目前造价较高,主要用于管道内衬、隧道衬砌、铁路轨枕、混凝土船及海上采油平台等。现在国外还在研究聚合物浸渍石棉水泥、陶瓷等。

（二）聚合物混凝土(树脂混凝土)(PC)

它是以聚合物（树脂或单体)代替水泥作为胶凝材料与骨料结合,浇筑后经养护和聚合而成的混凝土。它的特点是强度高、抗渗、耐腐蚀性好,多用于要求耐腐蚀的化工结构和高强度的接头。还用于衬砌、轨枕、喷射混凝土等。如用绝缘性好的树脂制成的混凝土,也做绝缘材料。此外树脂混凝土有美观的色彩,可制人造大理石等饰面构件。

（三）聚合物水泥混凝土(PCC)

它是在水泥混凝土搅拌阶段掺入单体或聚合物,浇筑后经养护和聚合而成的混凝土。由于其制作简单,成本较低,实际应用也比较多。它比普通混凝土粘结性强、耐久性、耐磨性好,有较高的抗渗、耐腐蚀、抗冲击和抗弯能力,但强度提高较少。主要用于路面、桥面,有耐腐蚀要求的楼地面。也可作衬砌材料、喷射混凝土等。

四、高强、超高强混凝土

一般把 $C_{10} \sim C_{50}$ 强度等级的混凝土称普通强度等级混凝土, $C_{60} \sim C_{90}$ 强度等级为高强混凝土, C_{100} 以上称超高强混凝土。

如用高强和超高强混凝土代替普通强度混凝土可以大幅度减少混凝土结构体积和钢筋用量。而且高强混凝土的抗渗、抗冻性能均优于普通强度混凝土。

目前国际上配制高强、超高强混凝土的实用化技术路线是:高品质水泥＋高效能外加剂＋特殊混合材料。我国配制高强、超高强混凝土,主要采用以下方法:(1)提高水泥标号,增加细度。选用坚硬、密实、级配优良的骨料。(2)优化配合比。如降低水灰比、砂率等。(3)掺入高效减水剂、掺入超细矿质混合材料(如硅粉、粉煤灰等)。(4)改进操作工艺。如强力搅拌、振捣、挤压成型、高压养护等。

五、粉煤灰混凝土

凡是掺有粉煤灰的混凝土,均称粉煤灰混凝土。粉煤灰是指从烧煤粉的锅炉烟气中收集的粉状灰粒。多数来自于热电厂。

由于粉煤灰中含有大量活性成分,能在混凝土中与水泥的水化产物反应,提高混凝土后期强度。并能明显降低水化热,提高混凝土的和易性、耐腐蚀性及耐久性。粉煤灰混凝土与用粉煤灰水泥拌制的混凝土相比,粉煤灰在混凝土中的技术效果基本相同,但从经济效益上,粉煤灰直接加在混凝土中,减少了粉煤灰运输、制备上的环节,效益更显著。此外,粉煤灰的大量利用,能有效地改善粉煤灰对环境的污染,并可明显地降低混凝土的成本,节省了水泥用量,也相应减少了大量的石灰石、粘土等天然原料。

第三节　建　筑　砂　浆

一、建筑砂浆的组成和分类

（一）建筑砂浆的组成

建筑砂浆常用的胶结材料是通用水泥、石灰、石膏等。在选用时,应根据使用环境、条件、用途等合理选择。细骨料经常采用干净的天然砂、石屑和矿渣屑等。为改善砂浆的和易性,还常在水泥砂浆中加入适量无机微细颗粒的掺和料,如石灰膏、磨细生石灰、消石灰粉、磨细粉煤灰等,或加少量有机塑化剂如泡沫剂。建筑砂浆用水与混凝土拌和水要求基本相同。

(二) 建筑砂浆的分类

建筑砂浆按胶凝材料分:石灰砂浆、水泥砂浆和混合砂浆三种,混合砂浆又分水泥石灰砂浆、水泥粘土砂浆和石灰粘土砂浆。

按用途不同分:砌筑砂浆、抹面砂浆(包括装饰砂浆、防水砂浆)等。

二、常用建筑砂浆品种

(一) 砌筑砂浆

将砖、石、砌块等粘结成整个砌体的砂浆称砌筑砂浆。

砌筑砂浆应根据工程类别及砌体部位的设计要求选择砂浆的强度等级。一般建筑工程中办公楼、教学楼及多层商店等宜用 $M_1 \sim M_{10}$ 级砂浆,平房宿舍等多用 $M_1 \sim M_5$ 级砂浆,食堂、仓库、地下室及工业厂房等多用 $M_{2.5} \sim M_{10}$ 级,检查井、雨水井、化粪池可用 M_5 级砂浆。根据所需要的强度等级即可进行配合比设计,经过试配、调整、确定施工用的配合比。为保证砂浆的和易性和强度,砂浆中胶凝材料的总量一般为 $350 \sim 420 kg/m^3$。

(二) 抹面砂浆

用以涂在基层材料表面兼有保护基层和增加美观作用的砂浆称抹面砂浆或抹灰砂浆。

用于砖墙的抹面,由于砖吸水性强,砂浆与基层和空气接触面大,水份失去快,宜使用石灰砂浆,石灰砂浆和易性和保水性良好,易于施工。有防水、防潮要求时,应用水泥砂浆。

抹面砂浆主要的技术性质要求不是抗压强度,而是和易性及与基层材料和粘结力,故胶凝材料用量较多。为保证抹灰层表面平整、避免开裂,抹面砂浆应分三层施工:底层主要起粘结作用,中层主要起找平作用,面层主要起保护装饰作用。

(三) 防水砂浆

给水排水构筑物和建筑物,如水池、水塔、地下室或半地下室泵房,都有较高的防渗要求,常用防水砂浆抹面做防水层。

防水砂浆是在普通砂浆中掺入一定量的防水剂,常用的防水剂有氯化物金属盐类防水剂和金属皂类防水剂等。

氯化物金属盐类防水剂又称防水浆。主要有氯化钙、氯化铝和水配制而成的一种淡黄色液体。掺入量一般为水泥质量的 3% ~5%。可用于水池及其他建筑物。

氯化铁防水剂也是氯化物金属盐类防水剂的一种。是由制酸厂的废硫铁矿渣和工业盐酸为主要原料制得的一种深棕色液体,主要成分是氯化铁和氯化亚铁,可以提高砂浆的和易性、密实性和抗冻性,减少泌水性,掺量一般为水泥质量的 3%。

金属皂类防水剂又称避水浆,是用碳酸钠(或氢氧化钾)等碱金属化合物掺入氨水、硬脂酸和水配制而成的一种乳白色浆状液体。具有塑化作用,可降低水灰比,并能生成不溶性物质阻塞毛细管通道,掺量为水泥质量的 3% 左右。

防水砂浆中,水泥应选用 325 号以上的普通硅酸盐水泥,砂子宜用中砂。

(四) 装饰砂浆

用于室内外装饰以增加建筑物美观效果的砂浆称装饰砂浆。装饰砂浆主要采用具有不同色彩的胶凝材料和骨料拌制,并用特殊的艺术处理方法,使其表面呈现各种不同色彩、线条和花纹等装饰效果。常用的装饰砂浆品种有:

1．拉毛：在砂浆尚未凝结之前，用抹刀将表面拉成凹凸不平的形状。

2．水磨石：将彩色水泥、石渣按一定比例掺颜料拌合，经涂抹、浇注、养护和硬化及表面磨光制成的装饰面。

3．干粘石：在水泥净浆表面粘结一层彩色石渣或玻璃碎屑而成的粗糙饰面。

4．斩假石：制法与水磨石相似，只是硬化后表面不经磨光，而是用斧刀剁毛，表面颇似加工后的花岗石。

（五）绝热、吸声砂浆

以水泥、石膏为胶凝材料，膨胀珍珠岩、膨胀蛭石、火山渣或浮石砂、陶粒砂等多孔轻质材料为骨料，按一定比例配合制成的多孔混凝土。它具有质轻、导热系数小、吸声性强等优点。

第二章 墙 体 材 料

墙体材料是房屋建筑主要的围护和结构材料。目前常用的墙体材料,主要有三类:砖、砌块和板材。

第一节 砌 墙 砖

虽墙体材料品种很多,但由于砖的价格低,又能满足一定的建筑功能要求因此砖在墙体材料中,约占90%。按所用原料不同,分有烧结普通砖、粉煤灰砖和蒸压灰砂砖等。

一、烧结普通砖

以砂质粘土为主要原料,经取土、调制、制坯、干燥、焙烧后制成的实心砖。

在制砖过程中,按调制方法不同,可制得外燃砖和内燃砖。如在原料中掺入适量劣质煤粉、煤碴粉或含碳量较高的粉煤灰等可燃废料,焙烧时,废渣可在砖体内燃烧,这种砖称内燃砖。内燃砖烧结质量较好,表观密度小、热导率低、强度可提高约20%,还可节省大量的外投煤、可节约5～10%的粘土原料。

砖坯如在氧化气氛中焙烧,制得的是红砖,如在焙烧至1000℃左右时,改为还原气氛,则制得青砖。青砖较红砖耐碱性、耐久性好,但成本稍高。

焙烧过程中的温度控制十分重要,焙烧好的正火砖是尺寸准确、强度较高,由部分熔融物包裹不熔颗粒构成的结构均匀的多孔体。而欠火砖色浅、声哑、孔隙多,因反应不充分、强度低、耐久性差。过火砖色深、表面釉化,孔隙少,强度高但变形大,也会影响砌筑质量。

根据国家标准《烧结普通砖》GB 5101—93的规定,烧结普通砖技术要求包括:外形尺寸、抗压强度、抗风化性和外观质量等。

1. 砖的外形尺寸:长240mm;宽115mm;高53mm。

2. 砖的抗压强度:砖的强度等级分有MU_{30}、MU_{25}、MU_{20}、MU_{15}、MU_{10}、$MU_{7.5}$六个等级。划分方法是根据10块砖的抗压强度平均值和强度标准值。

3. 砖的抗风化性能:指砖抵抗干湿变化、温度变化、冻融变化等气候作用的性能。用于严重风化区(指黑龙江、吉林、辽宁、内蒙、新疆五省区)的粘土砖,必须进行抗冻性试验。用于其他地区的粘土砖,可按5h沸煮吸水率和饱水系数确定,若达到指标要求,可认为抗风化性合格,如有一项不合格,也必须进行抗冻性试验,再判断抗风化性是否合格。

4. 砖的外观质量:按砖的尺寸偏差、裂纹长度、颜色、泛霜、石灰爆裂等项检验结果,分为优等品、合格品两个产品等级。

优等品砖可用于清水墙建筑($MU_{7.5}$的砖无优等品);合格品可用于混水墙建筑;中等泛霜砖不得用于潮湿部位。

二、粉煤灰砖

粉煤灰砖是以粉煤灰、石灰为主要原料,掺入适量石膏和炉渣,加水混合制坯、压制成型,再经高压或常压蒸汽养护而成的实心砖。

国家建材行业标准《粉煤灰砖》JC 239—91 中规定:

1.砖的公称尺寸为:长 240mm,宽 115mm,高 53mm。

2.根据砖的抗压、抗折强度和抗冻性要求,分有 20、15、10 和 7.5 四个等级。

3.按砖的外观质量、干燥收缩值可分为:优等品、一等品和合格品。

粉煤灰砖可用于工业与民用建筑的墙体和基础,但用于基础或用于易受冻融和干湿交替作用的建筑部位必须使用一等砖与优等砖。粉煤灰砖不得用于长期受热(200℃以上)、受急冷、急热和有酸性介质侵蚀的建筑部位。

三、蒸压灰砂砖

蒸压灰砂砖是以石灰和砂为主要原料,经过坯料制备、压制成型、蒸压养护而制得的实心墙体材料。

蒸压灰砂砖技术性能应满足国家标准《蒸压灰砂砖》GB 11945—89 中的各项规定。

1.砖的尺寸为:长 240mm,宽 115mm,高 53mm。

2.根据灰砂砖的抗压、抗折强度和抗冻性要求,分有 25、20、15、10 四个等级。

3.按灰砂砖的外观,可分为优等砖,一等砖和合格砖三个等级。蒸压灰砂砖 15 级以上可用于基础或其他建筑部位,10 级砖只可用于防潮层以上的建筑部位。长期受热高于 200℃、受急冷、急热和有酸性介质侵蚀的建筑部位,不得使用蒸压灰砂砖。

第二节　建　筑　砌　块

砌块是比砌墙砖大、比大板小的砌筑材料。具有适用性强、原料来源广、制作及使用方便等特点。建筑砌块按开关可分为实心砌块和空心砌块,按规格分为中型砌块和小型砌块,按原料成份分有硅酸盐砌块和混凝土砌块。

一、粉煤灰砌块

粉煤灰砌块是硅酸盐砌块的品种之一。它是以粉煤灰、石灰、石膏和骨料等为原料,经成型、蒸气养护而制成的实心砌块。

国家建材行业标准《粉煤灰砌块》JC 238—91 中规定:

1.砌块的主规格尺寸:880×380×240mm

880×430×240mm

2.砌块按抗压强度、人工碳化后强度、抗冻性、密度等要求分为 10 级 13 级二个等级。

3.砌块按外观质量、尺寸偏差和干缩性能分有一等品、合格品二个等级。

粉煤灰砌块适用于一般民用与工业建筑的墙体和基础。

二、小型混凝土空心砌块

混凝土砌块是以水泥、砂、石为原料,加水搅拌、经振动或振动加压成型,再经自然或蒸汽养护而制得的空心砌块。

常用的混凝土空心砌块,有小型和中型两类。

小型砌块使用灵活、砌筑方便、生产工艺简单、原料来源广、价格较低。

小型混凝土空心砌块的主规格尺寸为:390mm×190mm×190mm。

砌块各项技术性能应符合国标《小型混凝土空心砌块》GB 8239—87 中的规定。

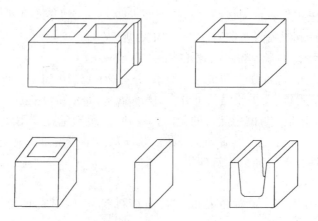

图 3-2-1　小型空心砌块

砌块按抗压强度分为 3.5、5.0、7.5、10.0、15.0 五个标号。

按外观质量,砌块分一等品、二等品。

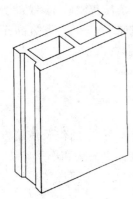

图 3-2-2　中型砌块

砌块有抗渗要求时,按抗渗指标分 S 级和 Q 级。有相对含水率要求时,按三块砖相对含水率平均值分 M 级和 P 级。

三、中型空心砌块

中型空心砌块是以水泥或煤矸石无熟料水泥为胶结料,配以一定比例的骨料制成的空心砌块(空心率大于或等于 25%)。

根据原料不同,中型空心砌块包括水泥混凝土砌块和煤矸石硅酸盐砌块两种。

根据国家专业标准《中型空心砌块》ZBQ 15001—86 中规定,中型空心砌块的尺寸及技术性能应符合以下要求。

中型空心砌块的主规格尺寸是:长:500、600、800、1000mm;宽:200、240mm;高:400、450、800、900mm。

砌块的壁、肋厚度:水泥混凝土砌块≥25mm,煤矸石硅酸盐砌块≥30mm。

砌块的铺浆面除工艺要求的气孔外,一般封闭。

砌块按抗压强度分 35、50、75、100、150 号。

中型空心砌块的尺寸偏差、缺棱掉角等外观质量均应符合标准的规定。

砌块的容重应不大于产品设计容重加 100kg/m³。

中型空心砌块主要用于民用及一般工业建筑的墙体材料。特点是自重轻、隔热、保温、吸音等。并有可锯、可钻、可钉等加工性能。

第三节　建　筑　板　材

一、蒸压加气混凝土板

蒸压加气混凝土板是以钙质和硅质材料为基材,加发气剂经搅拌成型、蒸压养护而成的板材。蒸压加气混凝土板包括屋面板和配筋板。

屋面板的标志尺寸:长 1800～6000mm(以 300mm 进位);宽:600mm,厚度:150、175、

180、200、240、250mm。

外墙板的标志尺寸:长:1500～6000mm;宽:600mm;厚度:150、175、180、200、240、250mm。

隔墙板的标志尺寸:长:按设计要求;宽:600mm;厚度:75、100、120、125mm。

蒸压加气混凝土板按外观质量(包括尺寸偏差、损伤程度等)分一等品和二等品。

蒸压加气混凝土板性能应符合蒸压加气混凝土砌块的规定。

板中钢筋应符合Ⅰ级钢规定,钢筋涂层的防腐能力不小于8级。

蒸压加气混凝土板主要用于民用与工业建筑的屋面和墙体材料。

二、石棉水泥板

石棉水泥板是以温石棉和水泥为基本原料制成的,分有加压板和非加压板。

按国家建材行业标准《建筑用石棉水泥平板》JC 412—71中规定:

平板的公称尺寸:长:1000～3000mm;宽:800～1200mm;厚度:4～25mm。

按物理力学性能,平板分一类板、二类板和三类板。(一、二类为加压板,三类为非加压板)

按平板的外观(尺寸偏差和厚度不均匀度)分为一等品和合格品。

石棉水泥平板,主要用于建筑物的墙体和装修材料。

第三章 建 筑 陶 瓷

陶瓷制品是以粘土为主要原料,经配料、制坯、干燥、熔烧而制得的一种烧土制品。用于建筑工程的陶瓷制品则称建筑陶瓷。

陶瓷产品种类很多,通常按材质不同分为三大类,陶器、炻器和瓷器。陶器断面较粗糙,且表面无光、不透明、不明亮、吸水率较大,制品有上釉和不上釉两种。瓷器坯体致密、吸水率很小,有一定半透明性,表面以上釉为多。炻器是介于陶瓷之间的一种产品,也称半瓷。与陶器相比,它表面光滑细腻、吸水率较小,与瓷器相比,炻器坯体多带有颜色且无半透明性。通常有上釉和不上釉二类。

常用的建筑陶瓷主要用于修饰内外墙面、铺设地面、安装上下水管、装备卫生间等的陶瓷制品。

第一节 墙 地 饰 面 砖

装饰墙面、地面用的瓷砖品种也很多,最常用的有外墙面砖、釉面砖、地砖、劈裂砖、陶瓷锦砖、卫生陶瓷等制品。

一、外墙面砖

外墙面砖是用于建筑物外墙面的炻质或瓷质的建筑装饰砖。有带釉和不带釉两种,但多为带釉的。

常用的外墙面砖规格有:200×100×8mm、222×59×10mm、265×113×17mm 等。

按外墙面砖表面状态不同,分有无釉墙面砖——有色粘土烧制出的带白、浅黄、深黄、红、绿等单色的无釉砖。釉彩面砖——上有粉红、蓝、绿、金砂色、黄色等多色釉面外墙砖。线砖——表面有突起线纹的带白、黄、绿色釉面外墙砖。立体彩釉砖——表面有立体花纹图案的带釉面砖。

外墙面砖按外观质量、尺寸偏差等分有优等品、一等品和合格品三个等级。

性能要求:吸水率不大于 10%。三次急冷急热循环无炸裂或裂纹。20 次冻融循环后无破裂或裂纹。抗弯强度不低于 24.5MPa。耐腐蚀性按试验结果分为 AA、A、B、C、D 五个等级。

为保证瓷砖粘贴牢固,背面凸起或凹纹变化不小于 0.5mm。

外墙面砖具有强度高、防潮、抗冻、不易污染和装饰效果好并经久耐用等特点。是一种高档饰面材料,用于装饰等级要求较高的工程。外墙面砖可防止建筑物表面被大气侵蚀,可使立面美观。但造价高,工效低且自重大,一般只重点使用。

二、釉面砖

釉面砖指用于建筑物内墙上带釉层的精陶饰面砖。

釉面砖最常用的是 150×150mm 正方形砖和特殊部位使用的配件砖。釉面砖厚度比外墙面砖小约5～7mm。

釉面砖按表面状态不同分彩色釉面砖——分为有光彩色釉面砖和无光彩色釉面砖。装饰釉面砖——包括花釉砖、结晶釉砖、斑纹釉砖、理石釉砖等。图案砖——分白地图案砖和色地图案砖。还有陶瓷画和色釉陶瓷字等。

釉面砖主要技术性能要求：密度 $2.3～2.4g/cm^3$，吸水率＜21%。抗折强度平均值不低于16MPa。经抗龟裂和抗化学腐蚀检验应合格。三次急冷急热剧变不破碎无裂纹。白色釉面砖白度大于73%。

釉面砖根据外观质量分为优等品、一等品和合格品。各项指标符合国标《釉面内墙砖》GB/T 4100—92中的规定。

釉面砖强度高、能防潮、抗冻、耐酸碱、绝缘、抗急冷急热、并易于清洗。一般多用于浴室、厨房和厕所的墙面、台面以及实验室桌面等处。

三、地砖

地砖又称缸砖，一般不上釉，也称无釉砖。

地砖的形状有正方形、长方形和六角形三种。常见的颜色有白、红、浅黄、深黄等。

地砖主要技术性质应符合国家建材行业《无釉陶瓷地砖》JC 501—93中的各项规定：按地砖的外观质量（包括尺寸偏差、表面缺陷等）分有优等品、一级品和合格品。地砖吸水率3～6%。经三次急冷急热循环，不出现炸裂或裂纹。经20次冻融循环不出现破裂或裂纹。抗折强度平均值不小于25MPa。磨损量平均值不大于 $345mm^3$。凸背纹高度和凹背纹深度均不得小于0.5mm。

地砖具有质坚、耐磨、强度高、吸水率低、易清洗等特点。一般用于室外平台、阳台、厕所、走廊、厨房等地面，也可用于庭院、道路等饰面及耐腐蚀工程的衬砌砖等。

四、陶瓷锦砖

陶瓷锦砖是以优质瓷土烧制成的小块瓷砖，俗称"马赛克"，有挂釉和不挂釉两种，按砖联分为单色和拼花两种。单块砖边长不大于50mm，砖联分正方形、长方形及各种多边形。

陶瓷锦砖主要技术性能必须符合国家建材行业标准《陶瓷锦砖》JC 456—92中的各项规定：

按外观质量（包括尺寸偏差、表面缺陷等）分优等品、合格品两个等级。

无釉锦砖吸水率不得大于0.2%。有釉锦砖吸水率不得大于1.0%。

有釉锦砖经急冷急热检验应不破裂，无釉锦砖不作要求。

对成联锦砖要求：锦砖与铺贴衬材粘结牢固（按规定方法测试）。正面贴纸锦砖的脱纸时间不大于40分钟。联内及联间锦砖色差应在规定范围内。锦砖铺贴成联后，不允许铺贴纸露出。

陶瓷锦砖具有耐磨、不吸水、耐污染、易于清洗、防滑性好、抗冲击力较高、有耐酸耐碱、耐火等性能，同时花色品种多、装饰性好（图3-3-1为锦砖拼花示意图）。陶瓷锦砖主要用室内地面，但60年代以来，已大量用于重点工程的外墙饰面，并取得了坚固耐用，装饰质量好的效果。而且比外墙面砖价格略低、层面

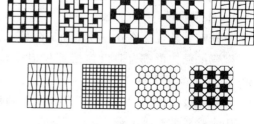

图3-3-1　陶瓷锦砖的几种基本拼花图案

薄、自重较轻。陶瓷锦砖也广泛用于浴室、厕所等墙地面,效果也很好。

五、劈裂砖

劈裂砖又称劈开砖或双合砖,它是一种炻质地面装饰材料,因焙烧后可劈开而得名。

根据上海墙体装饰材料厂生产劈裂砖的技术性能(见表 3-3-1)可以看出,劈裂砖的各项技术性能已达到或接近陶瓷墙地砖的质量指标。

劈裂砖与陶瓷墙地砖性能比较   表 3-3-1

项 目	陶瓷墙地砖指标	劈裂砖设计指标
抗折强度	不低于 24.5MPa	不低于 20MPa
抗冻性能	−15～20℃ 20 次冻融循环无裂、剥或裂纹	−15～20℃ 15 次冻融循环无破裂现象
耐急冷急热性	150℃～20℃ 三次冷热循环无裂纹	150℃～20℃ 六次热交换无开裂
吸水率不大于	10%	深色 6%,浅色 3%
耐酸碱性	(盐酸 30ml,蒸馏水 1000ml)酸溶液、(氢氧化钾 30g,蒸馏水 1000ml)碱溶液浸泡 7 天,擦干后放 100℃烘箱内烘干,用目检法,分 AA、A、B、C、D 五个等段	在 70% 浓 H_2SO_4 和 20% KOH 溶液中浸泡 28 天,无浸蚀现象

劈裂砖的生产率却远远高于陶瓷墙地砖。劈裂砖对原料要求不高,品位较低的软质粘土和尾矿矿渣均可使用,生产成本较低。生产过程中烧成带范围较宽,一般控制在 1150℃～1200℃之间,烧成周期 36～48 小时(比普通墙地砖短)。耗煤量减少 20%。砖体结构紧密吸水率低,表面硬度大。适用于各种建筑物的墙地面,尤其人流密度大的道路、车站等地面装饰既美观又耐久,同时比较经济。

第二节 其他陶瓷制品

一、排水陶管及配件

排水陶管是指以陶土为原料,经成型烧制而成的管件。主要用于排输污水、废水、雨水或用于农田灌溉。

根据国标《排水陶管及配件》GB 4670—84 的规定:陶管按规格不同有特型(直径 50～75mm 或 600～1000mm)和普通型(直径 100～500mm)两类直管。常用配件是弯管、三通管、四通管等。

陶管的技术要求:

1. 外观质量

根据陶管外观缺陷分一级品和二级品。

陶管的结构形式为插口连接部位以一定间隔刻划深约 3mm 的环形沟槽,口径 50～150mm 的不少于 3 圈。

除陶管及配件的承插口连接部位及承口底部、插口底部不施釉外,其余部分均应施釉。但施用食盐釉的产品不受此限。

用质量不大于 100g 的金属锤轻轻敲击陶管及配件中部时应发出轻音。

管子及各种配件的尺寸允许公差附合标准要求。弯管、三通及四通管的角度偏差应不大于±5℃。

外观质量与规格尺寸检验时，是从管中抽取20根进行检验，如有3根不合格，则认为这批管不合格。

2．物理化学性能

陶管与配件的吸水率应低于11%。

陶管与配件承受70kPa水压，保持5min，不得有渗漏现象。

陶管与配件的耐酸度不得小于94%。

直径100mm，长度不得小于1m的陶管抗弯强度不应小于6MPa，而直径150mm的陶管，抗弯强度不得低于7MPa。

陶管抗外压强度应附合国标GB 4670—84中的规定。检验时每批管中取3根管进行。如有2根不合格，则认为这批管不合格。如有一根不合格，应再取3根，第二批管均符合要求，则认为这批管合格。

吸水率检验时，每批中抽3根管，每根管至少取一块试样。所得吸水率平均值如高于指标要求，则认为这批管不予验收。

陶管运送时应稳固挤紧，防止震动和碰撞，装卸时要小心轻放，严禁抛掷。存放时应置于平坦场地上，不同规格、级别的管应分别堆放。最下一层管应以木楔固定，以防堆垛塌倒。垛高度应符合规定要求。

二、卫生陶瓷

卫生陶瓷指卫生洁具中的陶瓷制品，常用的有洗面器、大便器、洗涤器、小便器、水槽、水箱、存水弯和其他小件制品。

（一）品种分类

按用途和结构分为：

洗面器——立柱式、托架式、台式。

坐便器——虹吸式（包括喷射进型、漩涡型）、冲落式。

蹲便器

小便器——斗式、壁挂式、落地式。

洗涤器——斜喷式、直喷式。

水槽——洗涤槽、化验槽。

水箱——高水箱、低水箱（壁挂式、坐装式）。

存水弯——S型、P型。

小件制品——肥皂盒、手纸盒、化妆板、衣帽钩、毛巾架等。

（二）技术要求

1．规格尺寸：卫生陶瓷的产品规格尺寸，必须符合国标GB 6953—86《卫生陶瓷规格及连接尺寸》的规定中的各项要求。

2．外观质量：产品按外观质量分一、二、三级品三个等级。外观缺陷应符合国标中规定的允许范围。不允许有穿透坯体的裂纹，裂宽不得大于2.0mm。存水弯合格品的外观要求：裂纹≤100mm，管内落脏高≤5mm，磕碰≤400mm²。圆度允许偏差：出水口≤10mm，进水口≤12mm，管内必须施釉，外观按便器陷蔽面考核。

一件产品同一个面上的外观缺陷,一级品不允许超过三项,二级品不允许超过五项。

色差一级品不明显,二级品不严重。

(三) 卫生陶瓷的特点和应用

卫生陶瓷属精陶制品,系采用可塑性粘土、高岭土、长石和石英为原料,坯体成型后经素烧和釉烧而成。

精陶的卫生洁具表面光滑、不透水、耐腐蚀、耐冷热、易于清洗且经久耐用等。制品多以白色为主,也有红、蓝、黄、绿等各种色彩,同一种颜色又有深浅不同的色调,能使浴室、盥洗室装点得雅洁优美。

脸盆、马桶、坐浴盆及有关附件,常装置在浴室中;小便斗、脸盆和水槽常装在盥洗室或厕所中;水槽常装于备餐室和厨房中。

卫生洁具应在给水(包括冷、热水管)、排水管道安装妥贴后分别装接在规定的位置上,然后铺设墙面(多用釉面砖)和地面(多用地砖或陶瓷锦砖)材料,这样才能获得平整完美的效果。

(四) 产品的贮运要求

卫生陶瓷应用草制品、木箱或纸箱包装。

搬运时应轻拿轻放,严禁摔扔。

在运输和存放时应有防雨设施,严防受潮。

产品应按品种、规格、级别分别整齐堆放,在室外堆放时应有防雨设施。

第四章 金 属 材 料

金属材料包括黑色金属和有色金属两大类。

黑色金属是指以铁元素为主要成份的金属及其合金,如钢材、铸铁等,统称为钢铁产品。有色金属指以其他元素为主要成分的金属及其合金,如铝、铜、锌、铅、镁等金属及其合金。

第一节 建 筑 钢 材

建筑钢材是指建筑工程中所用的各种钢材。主要包括钢结构用的型钢、钢板、钢筋混凝土中用钢筋和钢丝及大量用的钢门窗和建筑五金等。

钢材是最重要的建筑材料之一,主要在于钢材不但强度高、品质均匀,具有一定的弹、塑性,能承受较大的冲击和震动等荷载,而且有良好的可加工性,可通过各种机械加工和铸造加工制成各种形状,还可通过切割、铆接、焊接等方式进行装配施工。钢材的主要缺点是自重大、易锈蚀,因此目前建筑结构大部分采用钢筋混凝土,少部分用钢结构。

一、钢的分类

钢的分类方法很多,日常使用中,各种分类方法经常混合使用。常见的分类方法有以下几种。

(一)按冶炼方法分类

1. 转炉钢:根据炉衬材料不同分为酸性转炉和碱性转炉。在质量上酸性转炉钢较好,但对生铁含硫、磷杂质要求严格,成本较高。

2. 平炉钢:平炉也分为酸性和碱性两种。因冶炼时间较长(4～12小时),易调整和控制成份,故质量较好。

3. 电炉钢:电炉分电弧炉、感应炉、电渣炉三种,也分为酸性和碱性两种。系利用电热冶炼,温度高、易控制、钢质量好,但成本也高,多炼制合金钢。

(二)按脱氧程度分类

1. 沸腾钢:脱氧不充分,存有气泡,化学成份不均匀,偏析较大,但成本较低。

2. 镇静钢和特殊镇静钢:脱氧充分、冷却和凝固时没有气体析出,化学成份均匀,机械性能较好,但成本也高。

3. 半镇静钢:脱氧程度、化学成分均匀程度、钢的质量和成本均介于沸腾钢和镇静钢之间。

(三)按化学成分分类

1. 碳素钢:含碳量不大于1.35%,含锰量不大于1.2%,含硅量不大于0.4%,并含有少量硫磷杂质的铁碳合金。根据含碳量可分为

(1)低碳钢:含碳量小于0.25%;

(2)中碳钢:含碳量为0.25%～0.6%;

（3）高碳钢：含碳量大于 0.6%。

2．合金钢：在碳钢基础上加入一种或多种合金元素，以使钢材获得某种特殊性能的钢种。根据合金元素含量可分为：

（1）低合金钢：合金元素总含量小于 5%；

（2）中合金钢：合金元素总含量为 5%～10%；

（3）高合金钢：合金元素总含量大于 10%。

（四）按钢材品质分类

1．普通钢：含硫量≤0.055%～0.065%；

　　　　　含磷量≤0.045%～0.085%；

2．优质钢：含硫量≤0.030%～0.045%；

　　　　　含磷量≤0.035%～0.040%；

3．高级优质钢：含硫量≤0.020%～0.030%；

　　　　　　　含磷量≤0.027%～0.035%。

（五）按用途分类

1．结构钢：按化学成份不同分两种

（1）碳素结构钢：根据品质不同有普通碳素结构钢（含碳量不超过 0.38%，是建筑工程的基本钢种）和优质碳素结构钢（杂质含量少，具有较好的综合性能，广泛用于机械制造等工业）。

（2）合金结构钢：根据合金元素含量不同有普通低合金结构钢（是在普通碳素钢基础上加入少量合金元素制成的，有较高强度、韧性和可焊性。是工程中大量使用的结构钢种）和合金结构钢（品种繁多如弹簧钢、轴承钢、锰钢等，主要用于机械和设备制造等）。

2．工具钢：按化学成分不同有碳素工具钢、合金工具钢和高速工具钢，主要用于各种刀具、模具、量具等。

3．特殊性能钢：大多为高合金钢，主要有不锈钢、耐热钢、电工硅钢、磁钢等。

4．专门用途钢：按化学成分不同有碳素钢和合金钢，主要有钢筋钢、桥梁钢、钢轨钢、锅炉钢、矿用钢、船用钢等。

二、建筑钢材的技术标准

目前我国建筑钢材主要有普通碳素结构钢、优质碳素结构钢和普通低合金钢三种。

（一）普通碳素结构钢

普通碳素结构钢常简称碳素结构钢，属低中碳钢。可加工成型钢、钢筋和钢丝等，适用于一般结构和工程。构件可进行焊接、铆接等。

1．钢牌号表示方法

碳素结构钢的牌号由屈服点的字母、屈服点数值、质量等级符号和脱氧程度四部份组成，各种符号及含义见表 3-4-1。

碳素结构钢符号含义　　　　　　　　　　　　　　　表 3-4-1

符　号	含　义	备　注
Q	屈服点	
A、B、C、D	质量等级	

符　号	含　义	备　　注
F	沸腾钢	
B	半镇静钢	
Z	镇静钢	
TZ	特殊镇静钢	在牌号组成表示方法中,可以省略

例如 Q235－B·b 表示普通碳素结构钢其屈服点不低于 235MPa,质量等级为 B 级,脱氧程度为半镇静钢。钢的质量等级 A、B、C、D 是逐级提高。

2．钢的技术要求

碳素结构钢的技术要求包括化学成分、力学性质、冶炼方法、交货状态及表面质量五个方面。

碳素结构钢按屈服强度分 Q195、Q215、Q235、Q255 和 Q275 五个牌号,每种牌号均应满足相应的化学成分和力学性质要求。牌号越大,含碳量越多,强度和硬度越高,塑性和韧性越差。其拉伸和冲击试验指标应符合 GB 700—88 的规定。

碳素结构钢中,Q235 有较高的强度和良好的塑性、韧性,且易于加工,成本较低,被广泛应用于建筑结构中。

（二）优质碳素结构钢

简称优质碳素钢,与碳素结构钢相比,有害杂质少,性能稳定。

根据《优质碳素钢技术条件》GB 699—88 规定,优质碳素钢有 31 个牌号,除 3 个是沸腾钢外,其余都是镇静钢。按含锰量不同又分两大组,普通含锰量（0.35%~0.80%）和较高含锰量（0.70%~1.20%）。

优质碳素钢的钢牌号以平均含碳量的万分数表示。如含锰量较高,在钢号数字后加"Mn",如是沸腾钢在数字后加"F"。三种沸腾钢是 08F、10F、15F。分别表示其含碳量8/万、10/万、15/万。如 50 号钢,表示含碳量 50/万,含锰量较少的镇静钢。如 50Mn,表示含碳量 50/万,含锰量较多的镇静钢。特殊情况下可供应半镇静钢,如 08b~25b,同时要求含硅量不大于 0.17%。

（三）普通低合金结构钢

在普通碳素结构钢中加入不超过 5%合金元素制得的钢种。

根据《低合金结构钢技术条件》GB 1591—88 中规定,低合金结构钢的钢号表示方法为:平均含碳量用万分数表示,其后是所加合金元素的符号,后附合金元素平均含量百分数。例如 16MnNb 表示普通低合金钢中含碳量 0.16%,合金元素有锰和铌,含量均低于 1.5%。如合金元素含量等于或高于 1.5%而低于 2.5%时,合金元素符号后附脚标 2。以此类推,普通低合金结构钢中有少量半镇静钢,可在钢牌号最后加"b"表示。

普通低合金结构钢强度高,具有良好的塑性和韧性、耐磨性、耐腐蚀性能强,耐低温性好。在含碳量低于 0.20%时,有较好的可焊性,而且冶炼方便、成本较低。在结构中代替普通碳素结构钢,可减轻自重、节省钢材,增长使用寿命。适合高层建筑及大柱网结构、大跨度结构。

三、常用建筑钢材

建筑中常用的钢材主要有钢筋混凝土用的钢筋、钢丝、钢绞线及各类型材。

（一）钢筋和钢丝

结构中用的钢筋,按加工方法不同常分为热轧钢筋和冷加工钢筋。

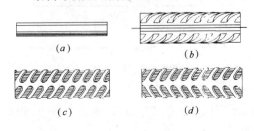

图 3-4-1　钢筋的外形

(a)光圆;(b)月牙肋;(c)螺旋肋;(d)人字肋

1.热轧钢筋

经热轧成型并自然冷却的成品钢筋称热轧钢筋。

热轧钢筋按外形分为光圆钢筋和带肋钢筋。带肋钢筋按肋的截面形式不同有月牙肋钢筋和等高肋钢筋。按钢种不同热轧钢筋为碳素钢钢筋和普通低合金钢钢筋。按钢筋强度等级分Ⅰ、Ⅱ、Ⅲ、Ⅳ四个等级。Ⅰ级钢筋为碳素钢制的光圆钢筋,Ⅱ、Ⅲ、Ⅳ级为低合金钢制的带肋钢筋。

Ⅰ～Ⅲ级热轧钢筋焊接性能尚好,且有良好塑性和韧性,适用于强度要求较低的非预应力混凝土结构。预应力混凝土结构要求采用强度更高的钢作受力钢筋。

2.冷拉钢筋

热轧钢筋在常温下将一端固定,另一端予以拉长,使应力超过屈服点至产生塑性变形为止,此法称冷拉加工。冷拉后的钢筋屈服点可提高 20～30%,如经时效处理(即冷拉后自然放置 15～20 天或加热至 100～200 摄氏度,保温一段时间)其屈服点和抗拉强度均进一步提高,但塑性和韧性相应降低。

冷拉Ⅰ级钢可用作非预应力受拉钢筋,冷拉Ⅱ、Ⅲ、Ⅳ级可用作预应力钢筋。

3.冷拔低碳钢丝

将直径 6.5～8mm 的 Q235(或 Q215)热轧圆盘条,通过拔丝机进行多次强力冷拔加工制成的钢丝。

根据《钢筋混凝土工程施工及验收规范》GB 50204—92,冷拔低碳钢丝分为甲、乙两个级别,甲级用于预应力钢丝,乙级用作非预应力钢丝,如焊接网、焊接骨架、构造钢筋等。

（二）型钢

由钢锭经热轧加工制成具有各种截面的钢材称为型钢(或型材)。按截面形状不同,型钢分有圆钢、方钢、扁钢、六角钢、角钢、工字钢、槽钢、钢管及钢板等。型钢属钢结构用钢材,不同截面的型钢可按要求制成各种钢构件。型钢按化学成分不同主要有两种碳素结构钢和低合金结构钢。

常用型钢的截面形状、代号及用途见表 3-4-2。

常用型钢及钢板的规格和用途　　　　　　　表 3-4-2

型钢种类	规　格	截面形状	代　号	钢材种类	用　途
角钢	等边∟ 2～20 号(二十种)	∟	∟ a(cm)	普通碳素结构钢 普通低合金钢	可铆、焊成钢构件
	不等边∟ 3.2/2～20/12.5 (十二种)	∟	∟ a/b(cm)		

148

型钢种类	规　格	截面形状	代　号	钢材种类	用　途
槽钢	轻型和普型匚 5～30共十四个型号	⊏	⊏ hb(cm) hb	同上	可铆接、焊接成钢件 大型槽钢可直接用做钢构件
工字钢	轻型工 22～63八个型号 普型工 10～30十二个型号 20种规格	工	工 h 当腰宽、腿宽 不同时,加用 a、b、c 表示		可铆、焊接成钢构件 大型工字钢可直接用做钢构件
钢管	无缝(一般、专用)	◎			工业、化工管道、建筑工程中用一般无缝钢管
	焊接(普通、加厚、镀锌、不镀锌)				用做输水、煤气、采暖管道
钢板	薄钢板 $a≤0.2～4mm$	▬ a	a(mm)	普通碳素结构钢	屋面、通风管道、排水管道
	中厚钢板 $a>4～60mm$				料仓、储仓、水箱、闸门等

第二节　生铁和铸铁

生铁是含碳量大于2%的铁碳合金,此外还含有较多的硅、锰、磷、硫等元素。

生铁按主要用途不同分为:炼钢用生铁、铸造用生铁、冷铸车轮用生铁、球墨铸铁用生铁等。它们的牌号用汉语拼音字母和含硅量的千分数表示。如 L10—炼钢用生铁,含硅量1%。Z26—铸造用生铁,含硅量2.6%。Q16—球墨铸铁用生铁,含硅量1.6%。

铸铁是将生铁经过配料、重熔并浇注成铸铁件的产品。铸铁分有:灰口铸铁、可锻铸铁球墨铸铁和耐热铸铁等。

灰口铸铁:又称灰铸铁,断面呈灰色,质较软、松脆、耐磨、耐压、耐蚀并有较好的减振性,价格低,可切削加工。用牌号 HT 表示,如 HT100—灰铸铁,抗拉强度不低于100MPa。

可锻铸铁:俗称马铁、玛钢。是将白口铸铁通过石墨化和氧化脱碳处理而得。机械性能较高,又有良好的塑性和韧性,可承受一定的冲击力,但并不能锻造。按金相组织不同分有黑心可锻铸铁、白心可锻铸铁和珠光体可锻铸铁。牌号 KTB 350—04—白心可锻铸铁,抗拉强度不低于350MPa。伸长率不小于4%。

球墨铸铁:是铁水在浇注前加入铜、镁、稀土等球化剂而制得。因使石墨呈球状分布于基本组织中,故称球墨铸铁。其强度和延伸率比可锻铸铁好,可进行锻造和压延,性能接近铸钢,但比铸钢耐磨,抗氧化性和减震性也好。牌号 QT 400—18—球墨铸铁,抗拉强度最小值为400MPa,延伸率最小值18%。

铸铁因性脆,无塑性,抗拉和抗折强度不高,建筑中不宜作结构材料,大多制成铸铁水管,用作上下水道及其连接件。其他如排水沟、地沟、窨井等盖板也较多。在建筑设备中还广泛制作暖气片及各种零部件。在装修材料中也常制作门、窗、栏杆、栅栏及其他部件。

第三节 铝及铝合金

铝是一种轻金属材料,由于资源丰富、性能优越,成为一种有发展前途的建筑材料。

纯铝密度 $2.7g/cm^3$,仅为钢的 $1/3$。铝性能活泼,在空气中能与氧形成致密坚固的 Al_2O_3 薄膜,保护铝不再继续氧化,使铝在大气中有较好的抗腐蚀能力。

纯铝质软,压延性良好($\delta = 40\%$),呈银白色,表面有很强的热反射性能,可加工成 $0.006 \sim 0.025mm$ 厚的铝箔,作复合保温材料的热辐射层,也可作隔蒸汽材料和装饰材料。

纯铝强度不高($\delta_b = 80 \sim 100MPa$),但能与硅、铜、镁、锌等元素结合组成铝合金,具有较高的强度和硬度。铝合金能用于制造承重荷载的构件。

根据成分和生产工艺特点,铝合金分为铸造铝合金和变形铝合金。

铸造铝合金指适于铸造成型而不适于压力加工的铝合金。也称生铝或生铝合金。按成分分为四组:铝硅合金、铝铜合金、铝镁合金和铝锌合金。使用最广泛的是铝硅合金。铸造铝合金多用于制造形状复杂的机械零件,如内燃机活塞、汽缸盖等。

变形铝合金也称熟铝合金,指通过冲压、冷弯、辊轧等工艺能使其组织、形状发生变化的铝合金。按性能和使用特点分有防锈铝合金(LF),硬铝合金(LY)、超硬铝合金(LC)、锻铝合金(LD)和特殊铝合金(LT)。

铝合金具有比纯铝更好的性能,可满足各种使用要求。防锈铝合金不但抗蚀能力强,自重比纯铝还轻。硬铝、超硬铝合金机械强度高,其抗拉强度不亚于一般钢材。锻铝合金既有好的机械性能,又能锻造成各种复杂形状的制品。特殊铝合金机械性能好,抗疲劳强度高且工艺简单,成本较低。铝合金还可以通过热处理(一般为淬火和人工时效)强化,进一步提高强度。可用氩弧焊进行焊接。铝合金制品经阳极氧化着色处理,可使铝合金具有各种装饰色并能提高耐磨、耐腐蚀性等。

目前建筑工程中大量铝合金制品,如铝合金门窗、柜台、货架、装饰板、吊顶等。在室外可用于外墙贴面、桥梁、街道广场的花圃栅栏、建筑回廊、轻便小型固定式移动式房屋、亭阁等,还常用于家具设备及各种内部装修和配件等。

第五章 有 机 材 料

建筑材料中以碳、氢及其衍生物为主要成分的材料,称有机建筑材料。按物质来源不同有机材料中分有:动、植物质材料,如木材、竹材、毛毡等。高分子化合物材料,如塑料、橡胶、涂料等。沥青材料,如石油沥青、焦油、沥青等。有机材料品种繁多,本章仅对常用的木材、竹材、沥青、塑料及涂料等作一简介。

第一节 木 材 和 竹 材

木材和竹材均为自然环境下生长起来的天然纤维材料,但两者构造、性能及用途均有所差异。

一、木材

木材是由树木加工而成的人类最早使用的建筑材料。由于其性能优越,在当代建筑工程中仍被广泛应用,如制作桁架、梁、柱、门窗、地板、脚手架及混凝土模板等。

（一）树木的分类和特点

树木品种很多,一般分为针叶树和阔叶树两大类。其特点见表3-5-1。

树 木 的 分 类 和 特 点　　　　　　　　表 3-5-1

树种	特 点	用 途	常 用 品 种
针叶树	树叶细长,呈针状,树干通直高大,木质软,易加工,胀缩变形小,树脂多,耐腐蚀性较强	多用于制承重构件及门窗	松树、杉树、柏树等
阔叶树	树叶宽大,呈片状,树干通直部分短,木质硬易胀缩变形、开裂,木纹理及颜色美观	多用于室内装修、次要承重件,制人造板等	柞树、榆树、槐树、水曲柳等

（二）木材的综合利用

木材用途广,需要量大,而我国木材资源缺乏,因而节约木材和合理使用木材有着重要的意义。在建筑中,除采用其他材料代替木材外,利用废材及加工后剩余的边皮、碎料、刨花、木屑等经处理制成各种人造板材是综合利用的主要途径。

1. 胶合板

木材由旋切、半旋切、刨切或锯制方法生产的薄片单板,按相邻层木纹方向互相垂直组坯胶合而成的板材。通常其表板和内层板对称地配置在中心层或板芯的两侧。

胶合板按结构分有胶合板、夹芯胶合板、复合胶合板。按表面加工分有砂光胶合板、刮面胶合板、贴面胶合板、预饰面胶合板。按用途分有普通胶合板和特种胶合板。

（1）普通胶合板

普通胶合板是由三层或三层以上单板组成,层与层之间以胶粘剂粘合。胶合板其板面树种为该胶合板的树种。按树种不同,普通胶合板分针叶树胶合板和阔叶树胶合板。

普通胶合板按性能分有：Ⅰ类胶合板（即耐气候胶合板）、Ⅱ类胶合板（即耐水胶合板）、Ⅲ类胶合板（即耐潮胶合板）、Ⅳ类胶合板（即不耐潮胶合板）。

普通胶合板的厚度为：2.7、3、3.5、4、5、5.5、6…，自6mm起，按1mm递增。3、3.5、4mm厚为薄胶合板，是常用规格。

普通胶合板按外观质量分为特等、一等、二等和三等。各等级的允许缺陷，应符合国标《胶合板、普通胶合板外观分等技术条件》GB 8946.5—88中的规定指标。

胶合板木材利用率高，木纹美观，幅面大，吸湿变形小，消除了各向异性，而且产品规格化使用方便。普通胶合板广泛用作天花板、门面板、隔墙板、护墙板、家具及室内装修等。

（2）混凝土模板用胶合板

是指以针叶或阔叶树种制成的混凝土模板用的胶合板。

胶合板主要技术条件要求：

a．树种主要采用：克隆、阿必东、柳安、桦木、马尾松、云南松、落叶松、荷木、枫香拟赤扬等国产和进口树种；

b．胶粘剂应采用酚醛树脂或其他性能相当的胶结剂。产品应符合Ⅰ类胶合板性能要求，具有耐候性、耐水性，能适应在室外使用。

c．胶合板按材质和加工要求分A、B两个等级。各等级外观和加工质量应符合专业标准ZBB70006-88中规定的指标。

2．硬质纤维板

硬质纤维板是以植物纤维为原料，加工成密度大于 $0.8g/cm^3$ 的纤维板。按原料不同分有木材硬质纤维板和非木材硬质纤维板。按板面加工不同分有一面光硬质纤维板和两面光硬质纤维板。

硬质纤维板以厚度为2.5、3、3.2、4、5mm是常用规格。按其物理力学性能和外观质量分为：特级、一级、二级和三级。各等级应符合国标《硬质纤维板技术要求》GB 12626.2—90中的有关规定。

硬质纤维板强度高、构造均匀，各向强度一致，不易胀缩变形，耐腐蚀、耐磨性好。主要用作室内墙面、地板、天花板、家具及装修等方面。

3．刨花板

利用施加胶料和辅料或未施加胶料和辅料的木材或非木材植物制成的刨花材料（如木材、刨花、亚麻屑、甘蔗渣等）压制而成的板材称刨花板。

施加胶料指施加脲醛树脂胶、蛋白质胶等胶粘剂。不施加胶料指不施加上述胶粘剂，但采用水泥等材料。

刨花板按用途分有A类刨花板（即用于家具、室内装修等一般用途的刨花板）和B类刨花板（即非结构建筑用刨花板）。按其结构分有单层结构刨花板、三层结构刨花板、渐变结构刨花板、定向刨花板、华夫刨花板和模压刨花板。按制造方法不同分为平压刨花板和挤压刨花板。还可按原料分类、按表面状况分类等。

根据外观质量和力学性能，A类刨花板分特等品、一等品和二等品。B类刨花板仅为一个等级。各类型、各等级的刨花板各项技术要求应符合国标《刨花板》GB/T4897—92中的规定指标。

刨花板主要用于建筑的一般装修如作隔断板、天花板、屋面板等，也用于车辆、船舶的内部装修,也可作某些机械的台板或作保温隔热板等。

二、竹材

竹材的特点是强度高、重量轻、价格低。但也容易由吸水和失水产生膨胀和收缩的破坏,并且易腐朽和虫蛀等。

竹材种类繁多,建筑工程上常用的品种有毛竹、刚竹和淡竹等。以毛竹用途最广。

毛竹(又名楠竹、茅竹、江南竹):杆形粗大顺直,根梢粗细较均匀,材质坚硬强韧。广泛用于脚手架、棚架房屋、输水管、通风管等。劈篾性能好,可编制各种用具。

刚竹(又名台竹、苦竹):竹杆直而节间长,多作小型支架、劈篾制帘以及伞柄帐竿及造纸。

淡竹(又名白夹竹、钓鱼竹):细长节疏,材质柔韧,易于劈篾,多制工艺品。

竹材在建筑工程中除可直接使用外,还可制成竹编胶合板。这种胶合板是以竹材黄篾加工成竹席,施加胶粘剂,经热压成型的板材。

竹编胶合板有两种类型:Ⅰ类是能耐气候、耐沸水的竹编胶合板。Ⅱ类是耐冷水而不耐沸水的竹编胶合板。按厚度不同有两种:厚度为 2～6mm 为薄型板。厚度≥7mm 为厚型板。根据其外观质量和物理性能分为一等品、二等品和三等品。

竹编胶合板具有幅面大、形状稳定、强度高、刚性好、耐磨、耐腐蚀等特点,并能锯、刨、钻,是加工性能良好的工程结构材料。

第二节　沥青及其制品

沥青是一种有机胶凝材料,为有机化合物的复杂混合物。在常温下呈固体、半固体或液体形态,颜色呈辉亮褐色以至黑色。沥青具有良好的粘结性、塑性、不透水性及耐化学侵蚀性等。沥青不但可直接用于地坪、沟、池防水防腐蚀,也常用在金属结构表面防锈。还常配制成冷底子油、沥青胶、嵌缝油膏及制成卷材等制品用于建筑的防水、防腐处理等。

一、沥青

沥青按产源不同分两大类:地沥青和焦油沥青。地沥青包括天然沥青和石油沥青。焦油沥青按原材料不同可分为煤沥青、木沥青、页岩沥青及泥炭沥青等。工程中最常用的是石油沥青和煤沥青。

（一）石油沥青

石油沥青是石油原油炼制出汽油、煤油、柴油及润滑油等后的副产品,再经加工而成。

根据用途不同,石油沥青分有道路石油沥青、建筑石油沥青、油漆沥青、管道防腐沥青、防水防潮石油沥青、普通石油沥青、专用石油沥青和电缆沥青等。使用最多的是道路石油沥青和建筑石油沥青。

石油沥青的技术质量标准是以针入度、延度、软化点等指标表示的。

针入度是固体、半固体石油沥青在外力作用下抵抗变形能力(即粘性)的表示方法。针入度越大,表示沥青粘性越小。

延度表示沥青的塑性,即沥青在外力作用下产生变形而不破坏,除去外力后,仍保持变形后状态的性质。延度越大,沥青塑性越好。

软化点表示沥青的温度稳定性。沥青由固体状态变为一定流动状态时的温度,称沥青的软化点。软化点越高,沥青的温度稳定性越好。说明沥青在较高的温度环境中使用,不易流淌。

软化点高的沥青大气稳定性较差。大气稳定性指沥青在热、阳光、空气和水(即自然环境)的综合作用下,抵抗老化的性能。沥青随时间的延长,流动性和塑性降低,脆性增大,粘结力减小的变化称沥青的老化。老化后的沥青硬而脆,直至开裂,完全失去防水、防腐作用。

道路石油沥青主要用于路面或车间地面工程,可制成沥青混凝土、沥青砂浆。

建筑石油沥青牌号小,粘性大,温度稳定性好,主要用作制防水卷材、沥青胶等,多用于屋面及地下防水工程。

(二)煤沥青

煤沥青是炼制焦炭或生产煤气时的副产品(煤焦油),再经高温加工而成。

煤沥青的性能不如石油沥青,其塑性较差,对温度敏感性大,冬季易变硬、夏季易软化,且老化快。但粘性较强,有毒,抵抗微生物的腐蚀能力较好。适用于地下防水工程及木材防腐处理。使用中应注意遵守安全操作规程,以防中毒。

二、沥青防水制品

沥青与其他材料复合可制成多种产品,主要用于防水和防潮。以下介绍几种常用制品:

(一)石油沥青纸胎油毡

石油沥青纸胎油毡是沥青防水卷材中最有代表性的产品。是用软化点低的石油沥青浸渍原纸,然后再用高软化点的沥青涂盖其两面,再涂或撒隔离材料制成的。它是历史最早的一种防水卷材,有良好的防水性能,资源丰富、价格低廉,是应用最普遍的防水材料。但它低温柔性差、温度敏感性强、易老化、属低档的防水卷材。

石油沥青纸胎油毡分有 200、350 和 500 号三种。每种标号中按浸涂材料总量和物理性能分合格品、一等品和优等品。各标号等级的油毡物理性能应符合国标《石油沥青纸胎油毡、油纸》的规定。200 号油毡适用于简易防水、临时性建筑防水防潮及包装。350 号和 500 号油毡适用于屋面、地下、水利工程的多层防水。

近年来,通过油毡胎体和浸渍涂盖层的改进、开发,已出现了多种新型防水卷材,如用玻璃布、聚酯纤维等作胎体,以 SBS 橡胶改性石油沥青为涂盖层,以塑料薄膜为隔离层的柔性防水卷材;以合成橡胶、合成树脂的共混体为基料,加适量助剂和填充料用特定工序制成的合成高分子防水卷材等,克服了传统沥青卷材的不足,体现了更多的优越性。

(二)皂液乳化沥青

它是用于一般建筑工程的防水材料。是以定量的石油沥青置于含有一定浓度的皂类复合乳化剂的水溶液中,通过分散设备,使石油沥青均匀分散于水中形成的一种稳定的沥青乳液。

皂液乳化沥青多与玻璃纤维毡片或玻璃纤维布配合使用,亦可与再生橡胶乳液混合,作建筑工程的防水涂料。皂液乳化沥青的物理性能见表 3-5-2。

皂液乳化沥青的物理性能(ZBQ 17001—84)　　　　　　　　　　　　　表 3-5-2

指　标　名　称	指　　标	
固体含量:质量(%)	不低于	50
粘度:沥青标准粘度计、25℃、孔径 5mm(S)	不低于	6

指 标 名 称	指 标
分水率:离心机、15分钟后,分离出水相体积占试样体积百分数(%)	不大于 25
粒度:沥青微滴粒平均直径(μm)	不低于 15
耐热性:80±2℃,5h,45°坡度(铝板基层)	无气泡、不滑动、不流淌
粘结力:20℃ N/cm²	不低于 29

(三)沥青嵌缝油膏(简称油膏)

油膏是以石油沥青为基料,加入改性材料、稀释剂及填充料混合制成的冷用膏状材料。改性材料有废橡胶粉和硫化鱼油。稀释剂有重松节油、机油。填充料有石棉绒和滑石粉等。

油膏按耐热度和低温柔性分为 701、702、703、801、802、803 六个标号。其技术性能应符合部标准《建筑防水沥青嵌缝油膏》JC 207—76 中的规定。

油膏耐热度的测定,是将油膏装满金属槽置于45度坡度支架上,放入要求温度±2℃的烘箱中恒温5h。测其三个试件下垂平均值。

油膏粘结性测定:油膏填满8字模两端的砂浆块之间,将8字模块放在沥青延度仪上,拉至油膏出现孔洞、裂口或与砂浆面剥离。取5个试件中3个接近数值的平均值。

油膏保油性测定:5张干燥的中速定性滤纸中央,压上装满油膏的金属环,在与耐热度相同温度的烘箱中恒温1h,量出环外油分渗出的最大幅度和油分浸渍滤纸的张数。

油膏主要用于预制层面板的接缝、大型墙板的拼缝、屋面、墙面沟、槽等处的防水处理。

第三节　建筑塑料和橡胶制品

塑料和橡胶的主要成分都是高分子聚合物,此外还含有其他添加剂,如增塑剂、填料、着色剂等。塑料和橡胶在一定温度和压力下具有流动性,可加工成各种制品。由于它们都具有许多优越性能,故产品发展很快,建筑工程上得到广泛的应用。

一、建筑塑料

(一)塑料的基本特性

1. 密度小、质轻:$\rho=0.9\sim2.2g/cm^3$,约为混凝土的 1/3;钢材的 1/8～1/4。

2. 比强度高:以单位质量计算的强度,有的接近钢材,有的甚至超过钢材。

3. 色泽美观、装饰性强:塑料可制成透明、半透明或不透明的制品,色泽鲜艳、品种多。

4. 耐腐蚀性和绝缘性好:耐化学腐蚀高于金属和无机材料。是电的不良导体。

5. 可加工性好、生产能耗低:塑料可制成多种形状,能耗仅为 63～188kJ/m³,而铝材为 617kJ/m³。

6. 耐热性差、易燃、易老化:一般的塑料热变形温度 60 ～120℃,最好的可耐热 400℃。大多塑料不但易燃,有些燃烧时会产生有毒烟雾。但生产时可通过特殊配方技术,使之成为自熄、难燃甚至准不燃材料。塑料的老化也可通过配方和加工提高耐久性,现生产的塑料制品使用寿命完全可与其他材料相比,有的甚至能高于传统材料。

(二)常用的塑料品种

目前塑料品种有 300 多种,常用的约有 60 多种。其中使用量最大的是聚氯乙烯塑料,其次有聚乙烯、聚丙烯等。现将常用塑料的品种和性能列于表 3-5-3 中。

常用塑料的一般性能和用途

表 3-5-3

名称和代号	外 观	一 般 性 能	主 要 用 途
聚氯乙烯 (PVC)	(硬质)不透明	化学稳定性好,耐腐蚀、耐老化均较好,耐热性差、低温易脆裂	可制管、板、棒、膜、焊条等型材,用途广泛
	(软质)半透明乳白	抗拉、抗弯强度较硬质低、柔性、弹性好、低温下变硬、较耐磨、不耐热	可制管、板、膜、焊条、电器、建筑、农业、日用用途广
聚乙烯(PE)	乳白色、蜡状或半透明固体	质轻、无毒、耐寒性好、化学稳定性高、耐腐蚀、耐水、绝缘性好、强度不高	可制板、管道、膜、冷水箱、绝缘材料、防腐涂料
聚苯乙烯(PS)	白色或无色透明脆性固体	化学稳定性、电绝缘性好、耐水、耐腐蚀、透光好、不耐热、脆性大、易燃	水箱、酸输送槽、泡沫、塑料、灯罩、零配件
聚丙烯(PP)	乳白色半透明固体	质轻、刚性好、耐热、耐腐蚀、化学稳定性好、不耐磨、易燃	管道、机械零件、建筑零件、耐腐蚀板、防腐涂料
聚酰胺(尼龙) (PA)	乳白淡黄、半透明或不透明固体	品种有尼龙 6、66、7、8、9、610、1010 等。抗拉强度高抗冲击性好、耐磨、耐油、但不耐强酸、碱,导热性小	多制机械零件、给水和输油管、电缆护套、装饰件、金属表面喷涂料
聚甲基丙烯酸甲脂(有机玻璃)(PMMA)	无色透明、加颜料可制成彩色	透光率高、质轻、机械强度高、耐水、耐腐蚀、电绝缘性好、不耐磨、易燃、有一定耐热、耐老化性	多制装饰灯具、挡风玻璃、防护罩、光学仪器镜片、日用装饰品
酚醛(PF)	棕色黑褐、黑色固体	电绝缘性好、耐水、耐光、耐热、耐霉腐、强度高、性脆、不美观	电工器材、粘结剂、涂料
聚酯(PR)	无色透明、半透明固体	绝缘、绝热性好、透光、有一定弹性、易着色、耐热、耐水、易成型、不耐酸、碱	可制粘结剂、玻璃钢、人造大理石、各种零配件
玻璃钢	酚醛型:黄褐色 环氧型:白淡黄 聚酯型:乳白黄	玻璃纤维作增强材料,强度高、耐腐蚀、耐热性好、导热差、绝缘、不耐磨、易分层	可制板、管,用于结构和防腐材料、落水管

(四)常用的塑料制品

塑料由于性能优越、易加工、品种多、能耗低,因此发展很块。在建筑工程中应用范围也不断扩大。

1. 塑料板材

常用的塑料板材有饰面板、地板钙塑板等。

(1)塑料饰面板:按树脂成分分有聚乙烯、聚氯乙烯、聚苯乙烯、聚丙烯、聚酯等塑料。按状态分有硬质、半硬质和软质。按结构不同分有塑料金属板、硬质 PVC 板、玻璃钢板、钙塑板。也可分为单层板、夹层复合板。按饰面加工分有印花、压花、粘贴(可贴装饰纸、塑料薄膜、玻璃纤维布或铝箔等)。按板形有平板、波纹板、异型板、格子板等。

塑料饰面板主要作为护墙板、屋面板和顶棚板。夹心板还可作非承重的墙体和隔断。这类板质轻、有不同形状的断面和立面,可任意着色,装饰性强,有较好的耐水、耐清洗、耐腐蚀等特点。

(2) 塑料地板:常用的塑料品种有聚乙烯、聚苯乙烯、聚酯等。有硬质、半硬质和软质,块片状和卷材,发泡和不发泡等多种。

塑料地板的特点是:耐水、耐磨、防滑、耐腐蚀、美观、有弹性、不起尘、易于清洗等。选用于卫生、保洁和耐腐蚀要求较高的环境。但塑料地面耐热、耐燃、抗静电性差,使用时应注意。

2. 塑料门窗

目前90%以上的塑料门窗是硬质PVC门窗。它有较好的自熄性、耐候性,且价格低。

塑料门窗与传统的钢质和木质门窗相比有耐水、耐腐蚀、气密性和水密性好,装饰性强,保养方便等特点。虽目前比钢质和木质门窗价格稍高,但比铝合金门窗低得多,从发展来看塑料门窗的价格还有降低趋势。塑料的老化问题,现已有解决的办法。如在德国塑料门窗已有使用20年以上的但仍完好无损,足以说明其耐久性。

3. 塑料管及异型材

常用的塑料品种有聚乙烯、聚氯乙烯等。多用挤压方法成型,产品有软质、硬质之分。塑料管与金属管相比,有质轻、柔韧、耐腐蚀、管壁光滑、对流体阻力小,安装加工方便、易焊接等特点。适于作给排水管、输油管、输气管、电线管、通风管等。但塑料管的耐热性较差,温度膨胀系数大。

塑料异型材形式多样,色彩和透明度各不相同,加工安装方便、装饰性强,主要适用于采光瓦、楼梯扶手、踢脚板、挂镜线、楼梯防滑条、装饰嵌线和盖条等,也可装拼成室内隔墙、屏风等。

4. 塑料零配件及其他制品

采用聚乙烯、聚氯乙烯、聚苯乙烯和有机玻璃等塑料,必要时加纤维增强材料,可加工成把手、喷头、水嘴、遮光罩及灯具等。这类塑料制品表面光滑、手感舒适、造型美观、色彩多样,且有耐水、耐腐蚀等特点。

采用聚乙烯、聚氯乙烯、聚丙烯等塑料,用压延、挤出或吹塑等方法可制成塑料薄膜,分硬质、半硬质、软质和透明、半透明和不透明等多种。塑料薄膜有伸长率大、耐水、耐腐蚀,可印花并能与胶合板、纤维板、石膏板、纸张、玻璃纤维等材料粘结、复合。如与板材粘结,再经压制成型,可制得各种塑料饰面板,与纸张或织物压贴,经印刷、压花或发泡等加工,可制成多种墙纸及贴墙布,是良好的室内装修材料。如用玻璃纤维增强后,就是充气房屋的主要建筑材料,有质轻、运输安装方便,绝热性好的特点,适用于展览厅、体育馆、农用温室、粮仓等临时建筑。

采用聚乙烯、聚氯乙烯、聚苯乙烯、聚丙烯等塑料,经模压或喷射等方法成型,可制成洗面盆、浴缸等卫生洁具或厨具,有造型美观,色彩品种多、光洁、清洗方便、耐腐蚀等优点,适用于浴室、卫生间、厨房等处。但其耐磨性、耐热性及耐久性均不及陶瓷制品。

采用聚氯乙烯、聚氨酯、聚苯乙烯、聚乙烯等树脂,加入适量化学发泡剂、稳定剂等经模塑发泡可制得各种形状的泡沫塑料。有硬质和软质之分。主要用作建筑、车辆、船舶及制冷设备的隔热(或吸声)、防震等材料,也可作救生漂浮材料。

在树脂中加入碳酸钙、亚硫酸钙等盐类填充料和必要的助剂，可加工塑制成各种钙塑制品。按需要有硬质、软质、难燃、泡沫等状态。这种制品有温度变形小，尺寸稳定、质轻、耐水、绝热、吸声的特点，且可锯、刨、钉，又易于粘合。制成钙塑板，可有不同花纹图案和立体造型、装饰性强，多用于室内墙面和吊顶装饰。

以聚氯乙烯树脂为主要原料，掺加填充料和适量改性剂、增塑剂等，经混炼、造粒、挤出或压延等工序加工可制成防水卷材。比沥青防水卷材拉伸强度高、断裂伸长率大，耐热性好、低温柔性好、耐老化，可冷施工等。适用于新建或翻修工程的屋面防水，也可用于水池堤坝等防水抗渗工程。

用聚乙烯醇、环氧树脂、酚醛树脂等还常制成胶结剂。结构用胶结剂多用热固性树脂，如环氧、酚醛、脲醛、有机硅等。非结构用胶结剂多用热塑性树脂，如聚乙烯醇、醋酸乙烯、过氯乙烯等。它们比传统的胶结剂(如皮胶、鱼胶、骨胶、淀粉等)粘结力强，品种多，产量大，干燥快、使用方便、使用面广。在建筑中主要用于胶结金属、陶瓷、玻璃、混凝土、木材等。常用于粘贴塑料地面、面砖、大理石板、壁纸、胶合板等。还可用于修补砖石砌体及混凝土结构中的裂缝，作防水材料、防腐涂料等。

聚氯乙烯和煤焦油为基料，配适量增塑剂、稳定剂和填料，经塑化可制成聚氯乙烯胶泥，作为防水嵌缝材料。它具有良好的柔韧性、防水性和粘结性。能耐寒、耐热、耐腐蚀、抗老化、施工方便、价格低。是较好的屋面防水嵌缝材料。也常用于渠道、管道等接缝、混凝土和砖墙裂缝的修补及耐腐蚀工程等。

二、橡胶制品

橡胶是一种高分子材料，按来源不同分为天然橡胶和合成橡胶两类。

天然橡胶是从橡胶植物中获取的胶乳经加工而成，有烟胶片、绉胶片和乳胶。合成橡胶是从石油、乙醇、乙炔、苯等碳氢化合物中经提炼加工而成的高聚物。建筑工程中常用的合成橡胶品种有：丁苯橡胶(DBJ)、氯丁橡胶(LDJ)、乙丙橡胶(YBJ)、丁腈橡胶(DQJ)、聚硫橡胶(DLJ)等。

橡胶具有优良的性能，如：高度的弹性、不透水性、耐磨性、气密性和电绝缘性等，而使得橡胶制品被广泛应用于建筑业、工农业、交通运输业及人民生活的各个方面。

工程中除各种施工机械的轮胎、运输胶带和传送带以外，输送水、油和空气的橡胶管、橡胶板等。建筑上使用较多的是防水卷材、胶结剂及密封材料(密封膏、嵌缝条)等。

(一) 橡胶板

橡胶板按性能和用途分有普通橡胶板、耐酸碱橡胶板、耐油橡胶板、耐热橡胶板、电绝缘橡胶板和石棉橡胶板等。按表面状态分有光面板、布纹板、花纹板和夹织物板等。橡胶板也可带有不同颜色。主要用于有耐冲击、耐酸碱、耐热等要求的车间地面、垫板、工作台等。

(二) 橡胶管

工程中常用的有空气管(风压管)、输水管、吸水管、钢丝编织胶管、氧气、乙炔管、排吸泥胶管及蒸汽胶管等。按构造不同分有普通全胶管、织物增强层胶管、金属增强层胶管等。用于增强的材料有胶布、纤维织物、金属螺旋线、金属环等。

橡胶管弹性好，可按需要输送各种物质，使用方便，可随意改变使用方向，不生锈。但不同的橡胶管均有特定的使用条件。一般应避免阳光直射、雨雪浸淋、防止与酸碱油类和有机溶剂接触，远离热源，不易过度折叠、避免机械损伤等。

（三）橡胶止水带

橡胶止水带主要用于混凝土建筑物变形缝、伸缩缝、施工缝等预埋闭缝的防水。它有较好的弹性、耐磨性、变性能力强的特点。但不能在有油脂、酸、碱及有机溶剂场合下使用。

（四）橡胶防水卷材

橡胶类防水卷材，除以橡胶为主体制成的卷材外，橡胶还可与树脂共混制成防水卷材，橡胶也可作改性剂与沥青混合，制成改性石油沥青防水卷材。下面介绍常用的几种。

1．三元乙丙（EPDM）橡胶防水卷材

这是以三元乙丙橡胶为主体，掺入适量硫化剂、促进剂、软化剂、填充料等。经密炼、拉片、过滤、压延或挤出成型、硫化等工序制成的防水卷材。

三元乙丙橡胶防水卷材有耐候性、耐老化性好、使用寿命长，抗拉强度高，对基层伸缩或开裂变形的适应性强，耐高低温性能好等特点。主要适用于防水要求高、耐用年限长的工业与民用建筑的防水工程。

2．氯化聚乙烯——橡胶共混防水卷材

这种卷材是以氯化聚乙烯树脂和橡胶为主体，加适量硫化剂、促进剂、稳定剂、软化剂和填充料等，经素炼、混炼、过滤、压延成型、硫化等工序制成的卷材。

它兼有橡胶和塑料的特点。不仅有氯化聚乙烯的高强度、抗氧耐老化性能，又有橡胶的高弹性、高延伸性和良好的低温柔性。最适用于屋面工程单层外露防水。

3．SBS橡胶改性石油沥青防水卷材

又称SBS橡胶改性沥青柔性油毡，是以聚酯纤维无纺布为胎体，以SBS橡胶改性石油沥青为浸渍盖层，以塑料薄膜为防粘隔离层，经选材、配料、共熔、浸渍、复合成型、卷曲等工序加工制成的柔性防水卷材。

这种柔性油毡比传统的沥青油毡提高了耐高低温性能，增强了弹性和耐疲劳性，可进行冷施工。价格比橡胶防水卷材低，属中低档防水卷材。适用于各类建筑防水，尤其是寒冷地区的防水工程。

［注：SBS——苯乙烯—丁二—苯乙烯嵌段共聚物］

（五）橡胶密封材料

建筑上的密封材料是一些能使各种接缝、裂缝、变形缝（沉降缝、伸缩缝、抗震缝）等保持水密性、气密性能，并有一定强度、能连接构件的填充材料。密封材料品种很多，按组成不同有沥青类、塑料类和橡胶类。具有弹性的密封材料称弹性密封胶，多为橡胶类。

1．聚硫橡胶密封膏

由液态聚硫橡胶为基料，加填充剂、促进剂、硫化剂等配制而成的密封膏。它具有很好的耐候性、耐水和耐湿热性等，使用温度范围宽（$-40 \sim +90℃$），它与钢、铝等金属材料及其他建筑材料都有良好的粘结性，且抗撕裂强度高，价格也较低，适用于伸缩大的接缝。

2．有机硅橡胶密封膏

它是由有机硅氧烷聚合物为主体，加硫化剂、硫化促进剂及增强填料组成。

有机硅橡胶密封膏具有优异的耐热、耐寒性和良好的耐候性，与各种材料有较好的粘结力，耐伸缩疲劳性强、耐水性好。主要用于建筑结构型密封部位，如高层建筑的玻璃幕墙、隔热玻璃粘结密封及建筑门、窗密封等。也可用于非结构型密封部位，如混凝土墙板、水泥板、大理石板的外墙接缝，混凝土和金属框架的粘结，卫生间和高速公路接缝的防水密封等。

3．橡胶粘结剂

几乎所有天然橡胶和合成橡胶都可配制粘结剂。它具有柔韧性强、耐蠕变、耐挠曲及耐冲击震动等特点,适用于不同膨胀系数材料间及动态下使用的部件或制品的粘接。

第四节　建　筑　涂　料

建筑涂料是指涂抹于建筑物表面,如内外墙面、地面、顶棚、屋面及门窗等,并能与基体很好地粘结,形成完整而坚韧保护膜的一类物质(旧称油漆)。它的主要作用是装饰建筑物、保护主体材料和改善居住条件或提供某些特殊使用功能。

建筑涂料具有质轻、品种多、色彩变化灵活、工期短、工效高,施工和维修更新方便,且生产投资小的优越性,因而是一类重要的建筑饰面材料,使用十分广泛。

一、涂料的分类

建筑涂料的分类方法很多,常用的有:

按涂料在建筑物中使用的部位分类有:外墙涂料、内墙涂料、地面涂料、顶棚涂料和屋面涂料。

按涂层结构分类有:薄涂料、厚涂料和复层涂料。

按主要成膜物质的性质分类有:有机涂料、无机涂料和有机无机复和涂料。

按涂料所用的稀释剂分类有:溶剂型涂料(以各种有机溶剂作为稀释剂)、水性涂料(以水为稀释剂)。水性涂料中按其水分散体系性质又可分为乳液涂料、水溶胶涂料和水溶性涂料。

按涂料使用功能分类有:防水涂料、防霉涂料、防火涂料、防腐蚀涂料等。

二、常用涂料的品种

涂料品种很多,分类方法也很多,按主要成膜物质成份可分为有机质、无机质和有机无机复合型三大类:按分散介质种类分溶剂型、水溶型和乳胶型;按涂料性质作用不同分为一般建筑涂料和功能建筑涂料等。还有其他一些分类方法。

(一) 一般建筑涂料

一般建筑涂料指主要起装饰和保护功能的涂料。常用的各类涂料品种和特性见表3-5-4、3-5-5、3-5-6。

无机涂料的品种和特性 表3-5-4

类型	主要成膜物质	特　　性	适　用　范　围
水泥系列涂料	白色、彩色硅酸盐水泥	粘结性好、不易脱落、耐水、耐碱、耐候性优良、不燃、来源广、价格低、有较好的色彩和表面质感、装饰性强。 主要品种:各种水泥抹面砂浆	主要用于建筑物内、外墙饰面工程。适用于水泥类、石膏类基层表面,也可用于水泥木丝板、水泥纸浆板
硅酸质系列涂料	水溶性硅酸盐和硅溶胶	渗透能力强,与基层粘结牢固、多彩品种多、颜色分散性好、涂膜细腻、装饰效果好、涂膜致密、耐候性、耐污染力强、不燃、工艺简单、成本低、可用喷、刷、滚涂方法施工、工效高。最低施工温度－5℃、耐冻性好。缺点是缺乏弹性,不能随动于基层开裂与变形 主要品种:JH8504 无机复层涂料:JH801、JH802 无机涂料	适用于一般室内、外装饰工程

涂料种类	优　　　点	缺　　　点
油脂漆	1．耐大气性较好;2．适用于室内外作打底罩面用;3．价廉;4．涂刷性能好,渗透性好	1．干燥较慢;2．漆膜软,机械性能差;3．水膨胀性大;4．不能打磨、抛光;5．不耐碱
天然树脂漆	1．干燥比油脂漆快;2．短油度的漆膜坚硬好打磨;3．长油度的漆膜柔韧,耐大气性较好	1．机械性能差;2．短油度漆耐大气性差;3．长油度漆不能打磨、抛光
酚醛树脂漆	1．漆膜坚硬;2．耐水性良好;3．纯酚醛漆耐化学腐蚀性良好;4．有一定的绝缘强度;5．附着力好	1．漆膜较脆;2．颜色易变深;3．耐大气性比醇酸漆差,易粉化
沥青漆	1．价廉;2．耐潮、耐水好;3．耐化学腐蚀性较好;4．有一定的绝缘强度;5．黑度好	1．色黑,不能制白色及浅色漆;2．对日光不稳定;3．有渗色性;4．自干漆干燥不爽滑
醇酸漆	1．光亮丰满;2．耐候性优良;3．施工性能好,可刷、可喷、可烘;4．附着力较好	1．漆膜较软;2．耐水、耐碱性差;3．干燥较挥发性漆慢;4．不能打磨
氨基漆	1．漆膜坚硬,可打磨抛光;2．光泽亮,丰满度好;3．色浅,不易泛黄;4．附着力较好;5．有一定的耐热性;6．耐候性好;7．耐水性好	1．须高温下烘烤才能固化;2．烘烤过度会使漆膜发脆
硝基漆	1．干燥迅速;2．耐油;3．漆膜坚韧,可打磨抛光;4．耐候性好	1．易燃;2．清漆不耐紫外光线;3．不能在60℃以上温度使用;4．固体份低
纤维素漆	1．耐大气性、保色性好;2．可打磨抛光;3．个别品种有耐热、耐碱性,绝缘性也较好	1．附着力较差;2．耐潮性差;3．价格高
过氯乙烯漆	1．耐候性和耐化学腐蚀性优良;2．耐水、耐油、防延燃性好	1．附着力较差;2．打磨抛光性较差;3．不能在70℃以上高温使用;4．固体份低
乙烯漆	1．有一定的柔韧性;2．色泽浅淡;3．耐化学腐蚀性好;4．耐水性好	1．耐溶剂性差;2．固体份低;3．高温时易碳化;4．清漆不耐紫外光线
丙烯酸漆	1．漆膜色浅,保色性良好;2．耐候性优良;3．有一定的耐化学腐蚀性;4．耐热性较好	1．耐溶剂性差;2．固体份低
聚酯漆	1．固体份高;2．耐一定的温度;3．耐磨、能抛光;4．具有较好的绝缘性	1．干性不易掌握;2．施工方法较复杂;3．对金属附着力差
环氧漆	1．附着力强;2．耐碱、耐溶剂;3．具有较好的绝缘性能;4．漆膜坚韧	1．室外曝晒易粉化;2．保光性差;3．色泽较深;4．漆膜外观较差
聚氨酯漆	1．耐磨性强,附着力好;2．耐潮、耐水、耐热、耐溶剂性好;3．耐化学和石油腐蚀;4．具有良好的绝缘性	1．漆膜易粉化、泛黄;2．对酸、碱、盐、醇、水等物很敏感,因此施工要求高;3．有一定毒性
有机硅漆	1．耐高温;2．耐候性极优;3．耐潮、耐水性好;4．具有良好的绝缘性	1．耐汽油性差;2．漆膜坚硬较脆;3．一般需要烘烤干燥;4．附着力较差
橡胶漆	1．耐化学腐蚀性强;2．耐水性好;3．耐磨、耐老化	1．易变色;2．清漆不耐紫外光;3．固体份低,个别品种施工复杂

注:表列性能仅指一般而言,具体品种尚有各自的特点。

名　称	主要成膜物质	特　性	适 用 范 围
聚乙烯醇水玻璃涂料	聚乙烯醇树脂和水玻璃	无毒、无臭、有一定粘结力、涂层干燥快、表面光洁平滑、色彩品种多样、装饰性好、价格低。 缺点：耐水性差、易起粉、脱落	适用于一般内墙饰面（或顶面）
KS－82 无机高分子外墙涂料	硅溶胶和丙烯酸类乳液	涂膜通气、密度高、抗静电、耐候性、耐污染性好、耐水、粘结力强、无毒、不燃、色彩品种多、有平质和粗壁等表面装饰性好。最低成膜温度 +2℃	适用于混凝土、水泥木丝板、石膏板、砖墙、水泥砂浆等外墙面上施工
聚乙烯醇缩甲醛水泥地面涂料（简称"777"）	聚乙烯醇缩甲醛和普通水泥	无毒、不燃、结合力强、坚固、干燥快、耐磨、耐水性好，不起沙、不裂缝、表面光洁、色彩鲜艳、价格便宜、耐久性好，装饰性较强、可成各图案花纹	适用于公共民用建筑、住宅及一般实验室、办公室、新旧水泥地面装饰

（二）功能性建筑涂料

除有一般建筑涂料的装饰和保护功能之外，尚具有某一方面特殊功能的涂料称为功能性建筑涂料。功能性涂料不仅对建筑业十分重要，在冶金、电力、军工及食品等行业中也有广泛的应用。建筑工程中常用的功能性涂料按作用不同主要有防霉涂料、防水涂料、防火涂料等。

1. 防霉涂料：用不含或少含可供霉菌生活的营养基为成膜物质（如硅酸钾水玻璃等无机涂料及氯乙烯——偏氯乙烯共聚乳等），加入两种或两种以上的防霉剂及其他助剂而制得的有防霉功能的建筑涂料。

常用的防霉剂部分品种见表 3-5-7。

常用部分防霉剂品种　　　　　　　　　　表 3-5-7

名　称	化 学 成 分	物 化 性 能	杀 菌 作 用	用　量（%）
多菌灵（BCM）	$C_3H_9O_2N_3$ 苯并咪唑氨基甲酸甲酯	白色粉末，不溶于水及有机溶剂，耐热，耐碱性很强	杀霉菌力强，但对细菌、酵母菌无效	0.1
百菌清（TPN）	$C_3Cl_4N_2$ 四氯间苯二甲腈	白色结晶，对酸碱溶液及对紫外线稳定，难溶于水	有广泛杀菌作用，尤其对细菌有效	0.2～0.3
福美双（TMTD）	$C_6H_{12}N_2S_4$ 四甲基二硫化秋蓝姆	白色无味结晶，遇酸分解，对碱稳定	杀细菌效力强，杀霉菌效力一般	1～2
涕必灵（TBZ）	$C_{10}H_7N_2S$ 苯并咪唑	在酸碱环境下不分解，耐热性 300℃ 内稳定	浓度不高时，也能抑制绝大多数霉菌生长	0.2

名　称	化学成分	物 化 性 能	杀 菌 作 用	用　量（%）
敌抗-51	烷基二氨基乙基甘氨酸的盐酸盐	易溶于水,有表面活性作用,兼洗涤、杀菌作用	对杀细菌、霉菌有效	0.3～0.5
苯甲酸	C_6H_5COOH	白色结晶,酸性条件下易挥发,略溶于水,溶于乙醇、乙醚等	属酸性防腐剂,抑制菌类的范围是 pH=2.5～4.0	0.1
苯甲酸钠	$C_7H_5O_2Na$	白色颗粒或粉末,在空气中稳定,易溶于水	同苯甲酸	0.1～0.2

2．防水涂料:

防水涂料是指兼有防止水渗透功能的建筑涂料主要用于屋面或基础的防水防潮。

防水涂料按在建筑中使用部位不同分为屋面防水涂料和地下工程防水涂料。按涂料状态分为乳液型、溶剂型和反应固化型。

溶剂型是以有机溶剂为稀释剂的涂料,涂膜细腻坚韧、耐水性好且低温性能好,但易燃有时挥发有害气体,价格较高。

乳液型是以水为稀释剂,成膜物质均匀分散于水中呈悬浮乳状液。无毒、不燃且成本低,是目前应用最广泛的一种。

反应固化型是在涂料中配一定品种的固化剂,为双组分涂料。其防水、变形及耐老化性更优越。是一种新型高档防水涂料。

防水涂料常用品种及类型见表3-5-8。

我国屋面防水涂料主要技术性能见表3-5-9。

常用防水涂料的品种和类型　　　　　　　　　　　　　　　表 3-5-8

基　材	类　型	品　种　名　称
沥青基	溶剂型	氯丁橡胶沥青涂料、再生胶沥青涂料等
	乳液型	石灰乳化沥青涂料、膨润土乳化沥青涂料、水乳型再生胶沥青涂料
化工原（废)料基	溶剂型	植物沥青涂料、苯乙烯焦油涂料
	乳液型	水乳苯型苯乙烯焦油涂料
高分子材料基	溶剂型	聚乙烯醇缩丁醛涂料、过氯乙烯、醇酸树脂、聚氨酯涂料、氯丁橡胶、氯磺化聚乙烯涂料等
	乳液型	聚醋酸乙烯涂料、氯一偏涂料、丙烯酸乳液类等
	反应型	环氧树脂类涂料、聚氨酯类涂料等

我国屋面防水涂料技术性能要求　　　　　　　　　　　　　表 3-5-9

主要技术性能	要　求
耐热性	在 80±2℃下,恒温 5h,无皱、起泡等现象
耐碱性	在饱和 $Ca(OH)_2$ 水溶液中泡 15d,无剥落、起泡分层、起皱等现象
粘结性	在 20±2℃,用 8 字模法测定抗拉强度不小于 0.2MPa
不透水性	在 20±2℃ 水温下,动水压 0.1MPa,30 分钟内涂膜不透水

主要技术性能	要　　　求
低温柔韧性	在 −10℃时,绕 10mm 轴弯卷,涂膜无网纹、裂纹、剥落等现象
抗裂性	在 20±2℃下,0.3~0.4mm 厚涂膜、基层裂纹变化 0.2mm 时,涂膜不开裂
耐久性	自然曝露及人工加速老化试验,可使用四年以上

3．防火涂料

防火涂料可以有效地防止易燃物点燃,阻止或延缓火焰的蔓延和扩展,使人们有充分时间进行灭火及安全疏散。防水涂料常施于金属材料或木材表面,提高耐火极限。

防火涂料从防火原理上分为非膨胀性防火涂料和膨胀性防火涂料。非膨胀性防火涂料是以难燃性或不燃性树脂为成膜物质,加入阻燃剂、防火填料等制成。其涂层有较好的难燃性可阻止火势蔓延。膨胀性防火涂料,除具有上述组成外,尚有成碳剂、脱水成碳催化剂、发泡剂等。在火焰作用下能产生膨胀,形成比原涂层厚几十倍的泡沫碳化层,能有效阻止热源对底材的作用,达到防火目的。

常用防火涂料的组成,见表 3-5-10。

常用防火涂料的品种和组成　　　　表 3-5-10

非膨胀性防火涂料的组成		配　方　实　例	
成　分	常　用　品　种	成　分	重量份
主要的成膜物质	难燃树脂:含有卤素、磷、氮元素的合成树脂。如卤化的醇酸树脂、聚酯、环氧、氯化橡胶氯丁橡胶等	过氯乙烯树脂	12
		磷酸酯	7
		Sb_2O_3	17
		碳黑	0.2
	不燃的无机胶粘材料:水玻璃、硅溶胶、磷酸盐等	滑石粉	9
阻燃剂	含卤、磷的有机物及锑系、硼系(硼酸、硼砂、硼酸锌、硼酸铝)、铝系(Al_2O_3)、锆系(ZrO_2)等无机难燃剂	溶剂(甲苯、丙酮、醋酸乙酯)	63
	滑石粉、云母粉、石棉粉、高岭土、碳酸钙、Sb_2O_3、ZnO、$Al(OH)_3$ 等		
膨胀性防火涂料的组成		配　方　实　例	
成　分	常　用　品　种	成　分	重量份
主要的成膜物质	水性或非水性成膜物质:聚烯酸乳液聚醋酸乙烯酯乳液、环氧树脂、聚氨酯等	聚丙烯酸乳液	15~20
		季戊四醇	4~5
碳化剂	碳水化合物:淀粉、糊精等	聚磷酸铵	20~25
	多元醇类:季戊四醇、二季戊四醇等	氯化石蜡和三聚氰胺	10~15
催化剂	聚磷酸铵、磷酸二氢铵、有机磷酸酯等		

膨胀性防火涂料的组成		配 方 实 例	
成　分	常　用　品　种	成　　分	重量份
发泡剂	双氰胺、三聚氰胺、氯化石蜡、硼酸铵、多聚磷酸等	TiO_2	$7\sim10$
		乳化剂、增粘剂等	$1\sim5$
颜料与填料	难燃性的优良无机物	水	$25\sim35$

4．防腐蚀涂料

以防止腐蚀为主要目的的涂料称防腐蚀涂料。大多是针对钢铁结构、化工建筑物及设备、海洋业等。

满足防腐蚀要求的涂料，主要是由成膜物质的性质决定的。其次是涂料施工作业性。

目前使用的防腐蚀涂料有五种类型，其主要成膜物质及特点见表3-5-11。

常用防腐蚀涂料的类型和特点　　　　　　表 3-5-11

类　　型	主要成膜物质	涂　料　特　点
乙烯基树脂类	过氯乙烯树脂、氯化聚乙烯、氯化聚丙烯等	涂膜干燥性、施工方便，有较高的大气稳定性和化学稳定性，不延燃，耐腐蚀性强。广泛用于各场合下的防腐
环氧树脂类	环氧树脂	粘结力强，可与多种被粘物牢固结合，固化收缩小，固化后耐化学性好，电性能优良，加工工艺简单
聚氨酯树脂类	聚氨酯树脂	抗拉、抗刻划性好、柔度高、耐化学药品和溶性好，自愈自合力强，延伸率大，耐水、耐酸碱性能极好，耐候、耐污染。但施工麻烦，要求高、价格贵
橡胶类	氯磺化聚乙烯涂料、氯丁橡胶、丁苯橡胶等	粘结力强、有弹性、耐酸、碱性能好，耐老化、耐候性优良，在化工和建筑工程上用量大
呋喃树脂类	糠醛、糠醇、糠酮、糠脲、糠醇环氧树脂等	耐热性好、耐腐蚀性强，原料来源广、工艺简单，能耐强酸、强碱和有机溶剂，但脆性较大

第六章　保温绝热材料

有温差存在就有热量的传递,能阻止或减少热量传递作用的材料称保温绝热材料。建筑工程的保温绝热,不仅是保证生活环境的需要,也是节能的要求。据统计,使用保温绝热材料节省的能量,是生产保温绝热材料所需能量的 70 倍左右。由此可看出保温绝热材料节能的潜力之大。

一、保温绝热材料的分类

保温绝热材料品种繁多,按材质可分为有机、无机和有机无机复合保温绝热材料。按结构状态分有纤维状(如石棉、岩棉)、粒状(如膨胀珍珠岩)、多孔状(如泡沫玻璃、泡沫塑料)及隔热薄膜(如铝箔、蒸镀薄膜)。

无机保温绝热材料的特点是:表观密度范围大,保温绝热能力强,不腐朽、不燃烧,耐高温性好。

有机保温绝热材料则质轻,保温绝热效果好,但易燃、易腐蚀、易虫蛀,不耐高温,只能用于低温绝热。

有机、无机保温绝热材料除单独使用外,还经常复合使用,且多制成板、块、片、卷材、管材等制品,不但保温绝热效果好,施工安装也方便。

二、常用保温绝热材料的品种

工程中常用保温绝热材料品种及性能见表 3-6-1,表 3-6-2 和表 3-6-3。

无机保温绝热材料常用品种和性能　　　　　　　　　　　表 3-6-1

类　型	品　种	技　术　性　能		
		表观密度(kg/m³)	导热系数(W/m·K)	使用温度(℃)
纤维状	石棉	103	0.049	最高 500~600
	岩棉和矿棉	45~150	0.049~0.44	600
	玻璃棉	10~120	0.041~0.035	(无碱)600
	陶瓷纤维	140~190	0.044~0.049	1100~1350
散粒状	硅藻土	(孔隙率 50~80%)	0.06	900
	膨胀蛭石	87~900	0.046~0.070	1000~1100
	膨胀珍珠岩	40~500	0.047~0.070	−200~800
	发泡粘土	350	0.105	

类 型	品 种	技 术 性 能		
		表观密度(kg/m³)	导热系数(W/m·K)	使用温度(℃)
多孔状	轻骨料混凝土	1100	0.222	
	泡沫混凝土	300~500	0.082~0.186	
	加气混凝土	400~700	0.093~0.164	
	泡沫玻璃	150~600	0.058~0.128	(无碱)800~1000 (普通)300~400
	微孔硅酸钙	200 230	0.047 0.056	650 1000
中空状	中空玻璃	(空气层 10mm)	0.100	
薄膜状	吸热玻璃	(表面喷涂氧化锡)热阻提高 2.5 倍(与普通玻璃比)		
	热反射玻璃	(涂敷金属或金属氧化膜)热反射率可达 40%		
	铝箔	反光系数 85%　　使用温度 300℃		

注:微孔硅酸钙 1. 其主要水化产物为托贝莫来石;

　　　　　　　2. 其主要水化产物为硬硅钙石。

有机保温绝热材料常用品种和性能　　　　　　　　表 3-6-2

品 种		表观密度(kg/m³)	导热系数(W/m·K)	使用温度(℃)
泡沫塑料	聚乙烯	18~94	0.029~0.047	(最高)80
	聚氯乙烯	12~72	0.045~0.031	(最高)70
	聚苯乙烯	20~50	0.038~0.047	-40~70
	聚氨酯	38~45	0.023~0.046	-50~100
	聚氨基甲酸酯	30~65	0.035~0.042	-60~120
	酚醛	50~110	0.037	(最高)100~110
植物纤维板	软木板	150~350	0.052~0.070	(最高)120
	木板	300~600	0.11~0.15	(抗折强度 0.4~0.5MPa)
	软质纤维板	150~400	0.047~0.053	(抗折强度 1~2MPa)
	麻屑板	(密度 700~800)	0.133	(静曲强度 18.32MPa)
	甘蔗板	220~240	0.042~0.070	(抗折强度 1.5MPa)
	芦苇板	250~400	0.093~0.13	
	稻壳板	(密度 700~800)	0.134~0.155	(静曲强度 10.3~13.0MPa)
	毛毡	100~300	0.05~0.07	

品 种	组 成	特 点	用 途
轻质钙塑板	轻质碳酸钙,高压聚乙烯,加发泡剂及颜料、交联剂等合成制得	质轻($\rho_0 = 100 \sim 150\text{kg/m}^3$),保温绝热性好($\lambda = 0.046\text{W/m·K}$),抗压强度 0.1～0.7MPa,使用温度最高 80℃。同时可制成各种彩色,装饰性强且防水性好	既有保温、绝热性,又有防水和装饰功能,适用于各公共场所的顶棚、墙面板
蜂窝板	面板:胶合板、纤维板、石膏板、浸过树脂的牛皮纸、玻璃布等。芯材:牛皮纸、玻璃布、铝片等,制成六角形空腹	质轻,导热性低,抗震性好,有足够的强度。按材料不同,可制成强度高的结构用板,也可制成保温绝热性强的非结构用板	结构性用板可作隔墙板,非结构用板,可作天花板,墙面板
泡沫夹心复合板	面板:薄钢板、铝板、胶合板、塑料贴面板(金属面板可上色、压型)夹心:聚氨酯泡沫、聚苯乙烯泡沫	质轻,保温绝热性强,有较高强度,且能防潮、防火,使用耐久,施工方便	各类厂房、仓库、民用建筑、冷库及船舶、车辆、活动房屋等结构的保温、隔热层
微孔泡沫针织革	以聚氯乙烯发泡针织革为基面与聚氨酯 Jm1 型泡沫粘结复合而成的,其表层 2 万/m² 微孔	质轻,保温绝热性好,有减震、阻燃、耐寒、耐酸碱性能,施工方便	适用于各种建筑、船舶、火车、汽车、电影院、空调机、冷冻机等的保温绝热材料,可用 303、801、101 胶粘结
铝箔波形纸保温隔热板	铝箔:用 A00 铝锭加工的软质铝箔,厚度 0.01～0.014mm纸材:复面:360kg/m² 工业牛皮卡纸波形纸用 180kg/m² 高强瓦楞厚纸胶结剂:沥青胶、牛皮胶、塑料粘结剂、水玻璃	质量轻($\rho_0 = 1.7\text{kg/m}^2$)保温绝热性好($\lambda = 0.063\text{W/m·K}$),铝箔热反射效率高(反射率为 85%),且有良好的防潮性,施工方便	可用于钢筋混凝土屋面板下及木屋架下作保温绝热顶棚,也可置于双层墙中作冷藏室、恒温室及其他类似房间的保温绝热墙体之用